最让人惊叹的

种子

小森林

园艺家

初舍 刘若兰 / 主编

中国农业出版社

图书在版编目（CIP）数据

最让人惊叹的种子小森林 / 初舍，刘若兰主编. ——
北京：中国农业出版社，2016.6
（园艺·家）
ISBN 978-7-109-21793-5

Ⅰ．①最… Ⅱ．①初… ②刘… Ⅲ．①种子植物－观
赏园艺 Ⅳ．①S68

中国版本图书馆CIP数据核字(2016)第137280号

本书编委会名单：

宋明静	熊雅洁	曹燕华	杜凤兰	童亚琴
黄熙婷	江　锐	李　榜	李凤莲	李伟华
李先明	杨林静	段志贤	刘秀荣	吕　进
马绛红	毛　周	牛　雯	邵婵娟	涂　睿
汪艳敏	薛　凤	杨爱红	张　涛	张　兴
张宜会	陈　涛	魏孟囡	刘文杰	阮　燕

中国农业出版社出版

（北京市朝阳区麦子店街18号楼）

（邮政编码100125）

责任编辑　黄　曦

————————————————————

北京中科印刷有限公司印刷　新华书店北京发行所发行
2016年10月第1版　2016年10月北京第1次印刷

————————————————————

开本：710mm×1000mm　1/16　印张：10
字数：200千字
定价：38.00元

（凡本版图书出现印刷、装订错误，请向出版社发行部调换）

目录

一 小种子大快乐，
在家也能"森"呼吸

二 栽培前规则，
遇见每一粒种子的成长

三 春之萌：
绿意盎然的"美精灵"

四 夏之悦：
热情蓬勃的"微雨林"

五　秋之意：
随风摇曳的"小绿伞"

六 冬之韵：
安详静谧的"森林海"

小种子大快乐

在家也能"森"呼吸

你注意到了吗？
每一粒种子都会呼吸

走在大自然中，很多人总是把目光停留在娇艳的花朵上，细心的人则会从凋谢的花朵中看到它们的果实，将它们收集起来，带回家，感受每一粒种子的呼吸，给予它们水分和阳光，见证每一粒种子的萌发。就这样，种子盆栽应运而生。

倾听种子的呼吸，发现生命的奇妙

不可否认，世界上的每一种生物都有生命，与我们朝夕相处的植物也是如此，在它们的整个生命旅程中，要经历萌芽、成长、开花、结果、死亡的历程，而果实就是它们生命的延续与扩展。

植物没有言语，但是它们有呼吸，种子也是如此。我们在选择一粒种子的时候，就表示要与它们进行一场心灵的互动了。

有的人培养的绿植青翠欲滴，花朵也开得娇艳；可有的人种花草却总是失败。这是因为他们只是把植物当成植物，而不是生命，在栽种的过程中，疏于照顾，也不会花费太多心思与植物进行互动，久而久之，植物就凋零了。

要想改变这种结局，最好的办法就是用心呵护每一株植物，倾听它们的呼吸，感受生命的奇妙。

每一粒种子的成长
都值得期待

自然界中的各种物种都有其存在的价值，其中，各种植物的种子就是一个奇妙的群体。它们生命力顽强，又无处不在，以各种特别的方式散播到大地的每个角落，然后生根发芽。那么，在自然环境下，它们到底是如何传播的呢？

自体传播

自体传播，顾名思义，就是靠植物体本身传播，不依赖其他的传播媒介。这些植物的种子本身重量较大，成熟后，会因重力作用掉落在地上，例如柿子、凤仙花等；还有的果实成熟后，在外力的作用下，包裹种子的外壳破裂，继而产生弹力，将种子弹射出去，例如绿豆。这些植物的种子通常不会传播太远，一般还要借助外力进行二次传播。

风力传播

风力传播的对象一般是草本植物，比如柳树、木棉等，其种子会长出如翅膀或羽毛状的"小尾巴"，能够借助风力飞到很远的地方，它们的特点是比较细小，表面积与重量的相对比例较大，正是这些特点使得它能够随风飘散。最常见的一种就是蒲公英的种子，其成熟时冠毛展开，像一把降落伞，然后随风飘着传播出去了。

水传播

能够借助水力传播的种子，表面有一层蜡质，果皮中含有气室，比重较水低，可以很轻松地浮在水面上，随着溪水漂到较远的地方，如睡莲。这类植物通常本身就生长在水边，而且种子的外皮可以防止因浸泡、吸水而腐烂或下沉。在选择这类种子制作盆栽时，要小心地去掉其外面的一层皮，这样才会更快萌芽。

鸟传播

通过鸟类传播的种子大部分都是肉质果实，例如香瓜、甜瓜、香樟等。它们本身的美味会吸引鸟类啄食，鸟类啄食完果肉后，将种子吐出，或者经过消化道排泄出来。由此可见，借助鸟类传播种子的植物还是比较先进的一类植物，通过这种方法，它们的种子可被带到很远的地方。

蚂蚁传播

不要轻视小小的蚂蚁，它们在种子传播的过程中，也扮演着重要的角色呢！通常，蚂蚁在种子传播的过程中，扮演的是二次传播者的角色，它们会收集一些鸟类摄食但没有完全消耗的种子，经过搬运，将种子移到另一个地方。就这样，蚂蚁这个搬运工无形中也为种子的传播出了一份力。

哺乳动物传播

哺乳动物体形较大，对食物的需求量自然也比较大，他们主要是传播一些大型的果实。其中，人传播是种子传播的一个重要途径。采集种子，带回家种植，或与朋友分享，都是植物种子传播的形式之一。

一粒小小的种子，可以借助这么多的外界力量进行传播，真是不得不让人感叹生命的奇妙。

种子·小·森林，
低碳生活
必不可少的好帮手

吃剩的柚子核、公园中随手捡到的鹅掌藤种子……都可以变成我们装点生活的小盆景吗？答案是肯定的，而且如果你足够用心，它们还可以成为一个个令人叹为观止的"小森林"。除此之外，它们还是你创造低碳生活环境的好帮手。

绿色"微森林"，天然的保健医生

科技的进步和通讯手段的发展使我们越来越远离自然了，如今，人们每天做的最多的事情就是在一个相对封闭的空间里，面对电脑、电视、手机，慢慢忽略了自然的空气和环境对身体和情绪的重要作用，久而久之，各种健康问题接踵而来。如果能在生活环境中营造一片绿色，情况也许就不一样了。

有人说，室内绿色植物是天然的保健医生。这种说法一点也不过分，绿色植物看似平常，实质上充满玄机，每一棵植物体内，都蕴含着惊人的力量：萌芽的种子可以让我们有更好的亲近自然的感受，帮助我们稳定情绪；幼嫩的枝叶能给我们美的享受，同时陶冶我们的情操……这正是种子盆栽简单而又神奇之处。

在办公桌上放置一盆柚子盆栽，工作之余，细细观赏它翠绿的叶片，不但能获得视觉上的享受，还可以缓解工作中的紧张情绪；在客厅摆放一盆罗汉松盆栽，不但可以让居室生机盎然，还能改善空气，让人神清气爽。热爱植物的人都知道，植物不是附属于家居环境中可有可无的点缀，也不仅仅能够满足我们对于自然的向往与亲近，带给我们自然的风韵与美感，它还在捍卫着我们的健康，保证我们拥有优质的生活。

湿度调节，给你100％的纯净水

水为万物之源，人类的生存离不开水，生活的环境中也不能缺少水分。为了保证室内不会过于干燥，很多人想到利用室内加湿器来解决空气干燥的问题。然而，加湿器虽然可以缓解秋冬季节空气干燥的程度，但并不是长久之计，因为时间一长，加湿器内部会滋生很多细菌，反而成为危害身体健康的因素之一。

那么到底有什么快速有效的方法，能使我们的室内环境变得更加湿润，又不会产生细菌呢？很简单，动手种植一盆种子盆栽吧。种子盆栽多是绿色植物，对室内的空气具有很好的调节作用。有研究表明，绿色植物通过根部吸收的水分，其中只有1％是用来维持自己的生命，剩下的99％都通过蒸腾作用释放到空气中。更让人吃惊的是，植物竟然还能充当"天然过滤器"，无论给它们浇灌什么水，植物蒸发出去的都是100％的纯净水！

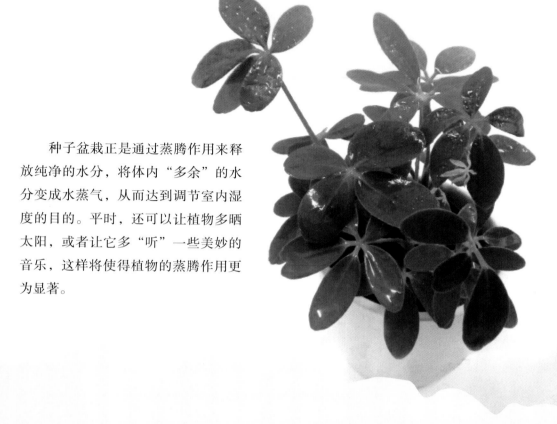

种子盆栽正是通过蒸腾作用来释放纯净的水分，将体内"多余"的水分变成水蒸气，从而达到调节室内湿度的目的。平时，还可以让植物多晒太阳，或者让它多"听"一些美妙的音乐，这样将使得植物的蒸腾作用更为显著。

温度调节，最低碳的自然空调

俗话说："大树底下好乘凉。"这话并不是没有依据的。夏日炎炎，如果站在枝叶茂盛的大树底下就不会感觉到那么炎热，这正是绿色植物调节温度的表现。在家里固然不能种一棵大树来乘凉，那么小巧又可爱的种子盆栽就是最好的选择了。

有研究表明，如果在一公顷土地上种植绿树，那么这块绿地一昼夜蒸发的水的调温效果相当于500台空调连续工作20小时。如果一个城市中有许多条林阴大道，那么它们将会像一条条保温性能良好的"湿气输送管道"一样，使这个城市的温度趋于均衡。这也是为什么很多城市如此重视绿化的重要原因。

与耗电的空调相比，种子盆栽有许多优点。首先，它们是最天然的空气净化机，没有任何污染；其次，与机器设备比起来，种子盆栽几乎不会消耗什么能源；第三，种子盆栽具有自我清洁、净化功能，不需要做清洁；最后，室内植物还具有装饰、怡情养性的功能。

迷你盆栽，
营造绿化空间大格局

久居都市的人们亲近大自然的梦想从来不曾削弱，大家都希望把自己的小家安置在自然旁边，可又似乎不太现实。那么，有没有一种方法，能让我们将自然搬进家里，放到工作中呢？种子盆栽就能帮你实现这个愿望。小小的种子盆栽，摆放在适合自己的每一个角落，就能帮助你营造亲近自然的环境。那么在家居、工作场合，可以放置哪些种子盆栽呢？

客厅

客厅是家中最热闹的地方，也是一个家庭重要的活动场所，放置在客厅里的植物应尽量明快大方、典雅自然，能够营造出一种温馨和谐、盛情好客的感觉和美满欢快的气氛。

客厅装饰盆栽的选择必须根据客厅布置格调的不同而有所不同，在植物的搭配上，也要突出重点，不能杂乱。

客厅中一般适合摆放一些造型比较特别且耐阴的品种，如罗汉松、冬青等，此类植物生长速度缓慢，观赏期也比较长，最适合放在茶几、电视旁边。

玄关处

玄关是访客进入室内产生第一印象的区域，因此玄关植物的选择尤为重要。很多人认为只有大型植物、一些有型有款的树木以及盛开的兰花盆栽组合才适用于玄关；但实际上，郁郁葱葱、小巧的种子盆栽也可以作为玄关的重要装饰植物。

玄关中摆放的植物最好是常绿观叶植物，而种子盆栽丰富的绿叶就是最好的选择。柚子盆栽、七里香小盆栽可爱又小巧，就可以摆放在玄关的鞋柜上。需要注意的是，切勿将带刺的植物，如仙人掌、玫瑰等摆放在玄关。

卫浴空间

卫浴空间包括卫生间和浴室，而大多数人家里这两个部分是连在一起的。卫生间一般比较容易形成阴暗潮湿的环境，气味也比较重，这令许多家庭感到困扰，不少家庭主妇会采用喷洒空气清新剂或者点香薰的方式来去除异味，其实这些方法只能起到遮掩作用，并不能从根本上解决问题。正确的方法应该是在卫生间摆放一些净化空气、制造氧气且又能在背阴处生长的绿植。需要注意的是，要避免摆放香气很重的鲜花，否则会让气味更加难闻。

在卫生间里摆放一些种子盆栽，能使原本略显冷清、潮湿的空间充满生机，更有自然情趣。受环境条件的限制和要求，卫浴空间适合摆放耐湿性强的小型种子盆栽，如火龙果盆栽，它能较好地吸收、过滤氨气、苯和甲醛，去除卫生间的异味，其嫩绿小巧的叶子，也是卫浴空间的最佳装饰物。

桌台边

无论是工作还是学习，我们最常处的空间就是书房和办公室了，它们是我们读书、写作或办公的场所。这些地方环境的好坏直接关系到我们的健康和情绪。那么平时工作和学习的桌台可以摆放哪些种子盆栽呢？原则上，桌台上的绿化装饰宜明净、清新、雅致，有利于创造静穆、安宁、优雅的环境，使人一坐下来就能感觉到宁静、安逸，从而专心于读书、写作和处理公务。

因此，摆放在书房和办公室的植物不要过于醒目，宜选择色彩淡雅不艳、体态纤细文静的种子盆栽，体现含而不露、舒适宜人的风格。一般来说，可在台面摆设轻盈秀雅的满天星等矮小、短枝、常绿、不易凋谢及容易栽种的种子盆栽，以调节视力，缓解疲劳。

阳台上

说到摆放绿植，就一定不能忽略阳台这个重要的家居空间，如果能将阳台这一重要的空间利用起来，家居环境将会得到大大的改善。因为阳台光照充足，与大自然最接近，有助于植物盆栽充分吸纳室外的阳光和雨露；而且阳台比较空旷，有足够的空间用来设计和摆放色彩鲜艳的花卉和常绿植物。

总的来说，大部分种子盆栽都适合放在阳台上，比如凤仙花、玉米、苜蓿、武竹、银杏等等。这些品种都比较喜欢阳光的照射，充足的光照能使它们的叶片更加漂亮。

栽培前规则，

遇见每一粒种子的成长

种子发芽四要素，
一个都不能少

既然种子盆栽能给我们的生活带来那么多的改变，那么打造一盆茂盛而又美观的种子盆栽应该从哪里开始呢？毫无疑问，当然是种子啦！无论是在野外捡到的种子，还是在花市购买的种子，只有让它们萌芽、发育，我们才有机会看到一粒种子到一棵植物的蜕变。如果你对此心动了，就赶快来看看种子发芽离不开哪些要素吧！

筛选健康、饱满的种子

毋庸置疑，只有健康的种子才能长出健康的植物。当我们把各式各样的种子带回家后，要做的第一件事情就是筛选，去掉那些已经失去生命力的种子。筛选种子主要有以下几种方法：

察"颜"观"形"

这里的"颜"和"形"是指种子的颜色和外形。一般来说，质量好的种子表皮颜色比较油亮、有光泽，而霉变或者坏死的种子一般都能看到霉斑的迹象；从外形上来讲，质量好的种子比较饱满均匀，没有畸形瘪粒。

泡水筛选

常用方法有清水选和盐水选两种。清水选指的是晴天或天气干燥时往容器内放足水，再倒入种子进行搅拌，之后捞去浮在上面的轻种和杂质，最后捞出下沉的

种子晾干，操作时动作要迅速，以免病原物因长时间浸水而下沉，从而影响水选效果；盐水选，顾名思义，就是用盐水浸泡筛选，盐水选与清水选相比能较完全地分离出残余物。盐水浓度应根据种子大小不同进行酌情增减，用盐水处理的时间不宜过长，否则会影响种子的发芽率。

让种子喝饱水

通常成熟的种子都比较干燥，而干燥的种子含水量较少，一般仅占种子总重量的5%~10%，在这样的条件下，很多重要的生命活动是无法进行的，所以要想让种子萌芽，就必须给予其足够的水分。种子只有吸收了足够的水分，生命才能活跃起来。

泡水使种子表皮充分软化

将种子浸泡在水中后，坚硬的种皮会吸水软化，使得更多的氧气透过种皮进入种子内部，加强种子细胞呼吸和新陈代谢作用的进行，同时使二氧化碳透过种皮排出去。比较特殊的是，有的种子外壳比较坚硬或者含有一层蜡质，比如板栗、银杏等植物的种子，需要人工去掉外皮后再泡水，这样种子才会更快萌芽。

泡水使种子的营养细胞开始活动

种子内贮藏的有机养料，在干燥的状态下是无法被细胞利用的；细胞里的酶物质不能在干燥的条件下行使作用，只有在细胞吸水后，各种酶才能开始活动，将贮藏的养料分解。此外，胚和胚乳吸水后，体积会增大，柔软的种皮在胚和胚乳的压迫下，易于破裂，为胚根、胚芽突破种皮，向外生长创造条件。因此，种子萌芽期间，并不是静止不动的，其体内正在不停地进行着营养的交换和输送。

为种子创造适宜的温度

在种子萌芽的过程中，胚乳或子叶内有机养料的分解，都需要各种酶的催化作用，而酶必须要在一定的温度下才能发挥作用。因此，温度也就成为了种子萌发的必要条件之一。

酶发生作用的主要特点是，在一定范围的温度条件下加速活动，这也是浸种催芽时一般都用30℃左右的温水的原因；反之，如果温度降低，酶的作用也会相对减弱，低于最低限度时，酶的活动几乎完全停止；但温度也不宜过高，否则会破坏酶的作用，使其失去催化能力。所以，在促进种子发芽的过程中，给予其适宜的温度是非常重要的。

让种子吸足氧气

除了上面几个影响种子萌芽的因素外，还有一个经常被忽视的要素——氧气。种子萌发初期，其呼吸作用十分旺盛，需氧量最大。所以在浸种的过程中要每天换水，保持水体清洁；播种前也要进行松土，为种子的萌发提供氧气。有些作物的种子，如花生，如果长时间浸泡在水中或埋在坚实的土中，会因呼吸不畅而影响发芽。

还有少数植物的种子，需要在有光的条件下，才能更快更好地萌芽，不过大多数种子萌芽和光线关系不大，无论在黑暗或光照条件下都能正常进行。

那些与"小·森林"
相得益彰的盆栽容器

我们观赏一盆植物的时候，除了欣赏植物本身之外，还能够吸引我们目光的是什么呢？那就是承载植物的容器了。人要靠衣服来表现不同的风格，植物也是一样，各式各样的容器就是它们的衣服。我们要做的就是为每一棵植物选择一个合适的容器，让它们各自独特的美得到升华，提高其观赏价值，从而带给人视觉美的享受。

在选择容器的过程中，不能说某一种植物只能种在某一种容器中，也不能说某一种容器只适合种植某一种植物。因为，对于很多植物来说，栽种在不同风格的容器中，会展现出不同的风格，都可以带给人美的享受，但这并不意味着容器的选择就是随随便便的事情了。总的来说，在选择容器的过程中，最好遵循以下三个原则，这样才能让你的容器与种子盆栽相得益彰。

原则1
根据造型选容器

一般的原则是多大的植物配多大的容器，但是，种子盆栽的特点是通过种子繁殖，欣赏种子之美、幼苗之美，那幼苗肯定是很小的了，我们当然不能选择一个跟幼苗一样大小的容器。而种子盆栽的一个好处就是我们可以通过种子的数量来控制盆栽的规模，这样一来，我们就可以根据自身的需要选择不同的容器了。

大容器展现森林之美

这里说的"大容器"也不是我们平常看到的摆在客厅、酒店门口的那些大型盆栽的容器，而是相对来说体积比较大的容器。对于种子盆栽来说，大容器一般是指直径在30厘米左右的敞口容器。

这一类容器对种子数量的要求比较高，所以选择这种容器的前提是你有足够的种子，如太阳花、葵花籽等，只有这样，待种子发芽后才会形成郁郁葱葱的"森林"之势。

高容器展现线条之美

如果你的种子数量不多，且这类品种的幼苗又有着挺拔、修长的身姿，则可以选择那些高挑的容器。我们知道，个子高挑的人总是会给人一种健康、向上的感觉，那么为种子盆栽选择一个比较高的容器就可以展现出植株的线条之美。

在常见的种子盆栽中，龙眼、香樟以及柚子的幼苗都给人比较纤细、直立的感觉，这类植物就可以选择比较高的容器进行种植。

浅容器展现种子之美

像红薯、土豆这种大块头的"种子"（红薯与土豆的块茎作繁殖用，也算"种子"），就算不埋在土里，也能正常发芽；同时，它们也可以用来欣赏。将其放在浅口容器中，让其直接露在外面，就可以欣赏"种子"之美了。

原则2
根据摆放地点选容器

既然种子盆栽可以为我们的生活提供那么多的乐趣和便利，那么我们一定要为它选择一个合适的摆放地点。因此，在选择容器的过程中，也可以通过考虑盆栽摆放的位置来进行筛选。

客厅的空间通常比较大，因此适合摆放大一些的盆栽；卧室的空间一般比较有限，因此可以考虑摆放一些矮小的盆栽；至于书桌或者办公桌，则可以放置迷你型种子盆栽，比如种植在陶瓷杯子里的火龙果盆栽等。

原则3
根据质地选容器

对于种子盆栽的生长环境来说，容器的质地对其生长影响并不大，但是我们可以通过选择不同质地的容器，为种子盆栽创造一种不同的意境和感觉。

种子盆栽可以选择的容器可谓是千姿百态，形形色色，但就其质地或是材料来说，主要有塑料、胶泥、陶土、陶瓷、木材、石材、金属、纤维、水泥等。这些不同质地的容器在大小、颜色上各有特点，可以为我们提供许多不同的选择。

与容器质地相关的一个重要特点就是容器的排水功能，一般来说，只有陶土、陶瓷等绿植专用容器才会有排水孔，要根据植物对排水性的要求进行选择。对大多数植株来说，如果长期生长在排水不良的环境中，轻者生长受阻，容易感染病害，重则根系腐烂，植株死亡。理想的容器应该是上粗（宽）下细（窄），并在基部留有排水孔。对那些没有排水孔的容器来说，可采用两种办法来补救：一是在其内部套一个有孔的容器，并在无孔的容器内保留足够的空间收集多余的水分；二是在无孔的容器基部垫一些麦饭石，然后装土。

优质土壤，
给小种子准备一床好"棉被"

挑好种子、容器后，选择与种子盆栽生长息息相关的土壤就至关重要了。土壤是种子生长发育的基础，其温度、所含养分和物质构成等因素，都会对种子的萌芽、生长产生重要的影响。在生物学上，土壤供给植物正常生长发育所需要的水、肥、气、热的能力，被称为土壤肥力。那么在为种子选择合适的土壤时，要注意哪些问题呢？

三种土壤，对种子生长作用大不相同

自然界中，植物通过根系从土壤中不断吸收水分、养料和空气。植物根系在土壤里生长和呼吸，需要土壤有适宜的温度和通气条件。土壤对于植物的影响决定于它的物理特性、化学特性和生物学特性，它们有的直接影响植物，有的间接影响植物，有的既直接又间接影响植物。因此，先分清土壤的类型，再选择合适的土壤至关重要。根据机械组成，土壤被区分为黏土、沙土和壤土。

黏土

黏土的特点是不易通气和透水，降雨或灌水时容易积水。此种土壤缺乏氧气，植物的根系发育也因土壤黏实而不易向下生长。能在这种土壤中生存的植物，一般都有既耐涝又耐旱的特点。

因为种子在发芽的过程中，呼吸作用比较强烈，因此要求土壤有较好的透气性，所以这类土壤并不适合用来种植种子盆栽。

沙土

沙土的特点是空气通透性好，但保水力很差。在这类土壤中生长的植物根系一般较深，而且对土壤的适应性很强，都有耐旱的特性。但是纯粹的沙土并不适合直接用于种植种子盆栽，通常要与壤土进行混合，吸收两者的优点。

壤土

在这三种土壤中，壤土是很好地弥补了黏土和沙土缺点的一种土壤，它既能通气，又能透水，还有利于好气性微生物将有机养分分解，转化成能被植物吸收利用的无机养分，为植物生长提供良好的生活条件。

在花市上，很容易就能买到适合种子生长的土壤，但如果想要精益求精的话，我们可以根据植物的不同特性，将不同类型的土壤进行混合，调配出最适合种子生长的土壤。

认识土壤的酸碱度，让种子生长得更好

土壤酸碱度，又称土壤pH。自然界中，不同植物种类对土壤pH的要求也不同。土壤酸碱度，一方面直接影响植物的生长，另一方面，它通过影响矿质盐类的溶解度和土壤微生物的活动等间接影响植物的营养。根据各种植物对土壤pH的适应范围，可将植物分为酸性土植物（pH < 6.5）、碱性土植物（pH > 7.5）、中性土植物（pH介于6.5 ~ 7.5）三大类：

酸性土

酸性土植物指适合生长在酸性较大的土壤中的植物，典型的有我国南方红壤、黄壤上的五针松、杜鹃、茉莉花等。

酸性较大的土壤，结构不良，通气性不好，缺乏营养物质，对大多数植物生长不利，但有些植物却能适应得很好。一般来说，能在这类土壤中生存的都是生命力比较顽强且原生环境为热带、亚热带气候的植物。

碱性土

碱性土也是一种不适宜植物生存的土壤，大多数草原和荒漠植物都属于碱性土植物。一般情况下，要尽量避免土壤碱化，如果出现土壤碱化的情况，可用醋浇灌土壤以中和土壤的碱性，或者直接换土。

中性土

中性土指的是PH介于6.5~7.5之间的土壤，它的特点是结构良好、微生物活动强烈、肥力较高，最适宜栽培种子盆栽。如玉米、苜蓿等以及阔叶林的许多植物都属于中性土植物。中性土壤也是最适宜我国大多数农作物生长的土壤，我们购买的土壤一般都是中性土壤。

在选购土壤的时候，可以根据手感来判断土壤的酸碱度：一般来说，酸性土颜色较深，呈黑褐色且土质疏松；而颜色较浅、质地坚硬且用手使劲揉捏就会结块而不会散开的为碱性土；中性土的触感则介于二者之间，用手握住之后松开，土壤稍有结块，但过会儿后就会散开。

这些小工具，
能让你的
种子盆栽更漂亮

　　常言道：工欲善其事，必先利其器。要想种出一盆健康、养眼的种子盆栽，就要做好一切准备工作，其中就包括一些必需的工具，这样才能让你的种植之旅充满乐趣。

无洞容器——种子的第一个"小房子"

　　种子盆栽区别于一般植物的地方就在于大多数都要进行浸种催芽，故选择一个大小合适的无洞容器十分重要。

　　对于种子来说，浸种所用的容器就是它的第一个"小房子"。在容器的选择上，可以不拘一格，平常喝茶的杯子、厨房的小盆等，除了可以用于浸种催芽外，也可以直接用来种植种子盆栽，这就要根据个人喜好以及种子生长的特性进行选择了。

尖嘴镊子——让种子乖乖排队

　　尖嘴镊子是很多家庭必备的小工具之一，殊不知，在种植种子盆栽的时候，它也可以派上用场哦。有的种子经浸泡后，表皮虽会软化下来，但对种子萌芽还是有一定的阻力，这时候，就可以用镊子小心地刺破种子的外皮，使种子更快萌芽。

除了这个作用外，尖嘴镊子的另一个重要作用是让种子排排站。为了使种子盆栽呈现出整整齐齐、郁郁葱葱的"微森林"效果，通常需要将种子一个个排列，以达到造型的目的，而如果直接用手的话，可能很难达到整齐的效果，这时就可以借助于镊子，将种子一个个排列好。需要注意的是，排列种子的时候，要控制好力度，不要伤害种子。

水壶——盆栽喝足水才能长得好

对于养花之人来说，水壶一定是不可缺少的工具，它的主要作用是为植物补充水分。按照功能来分，水壶有两种：

喷壶

喷壶的主要作用是为植物的根部浇水，使植物和泥土保持湿润。喷壶的喷头有细眼和粗眼两种，可根据需要进行更换。如果是为植物的叶片喷水，最好使用细眼喷头；如果是直接浇灌植物的根部，则可以使用粗眼喷头。一般来说，一些体积较大的种子或者铺有麦饭石的种子盆栽都可以使用细眼喷壶浇水。

喷雾器

一般情况下，喷雾器是用来喷洒药物及防治病虫害的，但在种子盆栽的培养过程中，也可以用喷雾器喷水。因为有的种子比较小，为了让其顺利萌芽，不能覆盖过厚的土壤，且浇水的时候水流不能过大，否则容易将种子冲跑，影响发芽，而喷雾器的水雾非常缓和，基本上不会出现这样的问题。此外，种子发芽后，枝叶非常稚嫩，故适合选用喷雾器为其补充水分。

保鲜膜、封口式保鲜袋——种子"小温室"

众所周知，植物越冬的时候，可以用塑料袋将其整个包裹起来，以起到保温保湿的作用。在种植种子盆栽的过程中，保鲜膜也可以发挥这个作用，不过不是为了植物安全越冬，而是为了促进种子发芽。对于大多数种子来说，较高的温度环境可促使其更快萌芽，因此在种子萌芽前，可以用保鲜膜包裹整个容器，使土壤温度保持在一个比较恒定的状态，这样种子就会更快萌芽了。

封口式保鲜袋的作用主要是保存种子。要想让种子更好地萌芽，保存种子也是一个重要的问题。通常，可将暂时不用的种子放在封口式保鲜袋中，使种子处于一个比较密闭的空间，然后将其放在通风干燥的地方保存；需要注意的是，封口前，需挤出袋中空气。

麦饭石——为种子盆栽锦上添花

麦饭石是一种对生物无毒、无害并具有一定生物活性的复合矿物或药用岩石，其主要化学成分是无机硅铝酸盐，其中包括氧化镁、氧化钙等矿物质，还含有植物所需的全部常量元素，如钾、钠等微量元素和稀土元素等，共58种之多。

麦饭石对镉、汞、砷、铅等对人体有害的元素有较强的吸附能力，并可在一定程度上起到净化水质的作用，这也是为什么种植种子盆栽时采用麦饭石的原因。那么在为种子盆栽选用麦饭石的时候，要注意哪些方面的问题呢？

首先是选择大小适宜的麦饭石。种子有大有小，选用的麦饭石，最好与种子的大小相匹配。其次是使用之前一定要清洗干净。因为麦饭石有较强的吸附能力，可能在使用之前已经吸附了很多有毒物质，如果直接使用的话，可能会危害种子，因此，在使用之前一定要将其冲洗干净。

合理光照，
种子盆栽发育的营养品

光照是一切生命活动的源泉。因此，合理的光照对种子盆栽来说，也是必须要注意的问题。大地上光线来源于太阳，太阳光穿过大气层投射到地面上产生两种效应，即热效应和光效应。这两种效应构成了种子盆栽赖以生存的基础。

其中，对种子盆栽生长造成直接影响的是光照时间的长短。所谓的光照时间，是指在一天中，从日出到日落，太阳照射的时间。总的来说，按照植物所需的光照强度，可以把植物分为三种：

阳性植物

这类植物喜爱日光直接照射，如太阳花、鸡冠花等，只有在较强的光照下，它们才能生长旺盛，否则其枝条细软无力、叶色暗淡，生长状况不好。

阳性植物的叶片，质地多较厚且粗糙，叶面上有很厚的角质层，能够反射光线；它们的气孔通常小而密集，叶绿体较小，但数量较多。例如罗汉松，橘子等都属于阳性植物。一般来说，阳性植物的原生环境多在阳光充足、水分和温度适宜的旷野或路边，其对环境的适应性较强。

阴性植物

与阳性植物相反的一类植物就是阴性植物了，它们多喜欢荫蔽的环境，害怕强光直射，只需要接受散射光就可以正常生长。在夏季光线强烈的时候，阴性植物需放置在荫棚处养护，以减少直射光照射。

鹅掌藤就是一种典型的阴性植物，它分枝性强，叶色浓绿、有光泽，对环境的适应性较强，是非常好的盆栽观叶植物。鹅掌藤在室温下便可以正常生长，在空气湿度高、土壤水分充足的环境下生长良好，同时，它对北方干燥的空气也有较强的适应能力。

中性植物

中性植物，顾名思义，就是对光照要求没有那么高的一类植物。这类盆栽植物既喜欢阳光充足的环境，又能耐阴，但是无论是长时间的强光照射还是荫蔽的环境都会对其正常生长造成影响。此类盆栽植物，最好是放在既可以接受一定光照又能遮阴的地方养护，比如阳台或者阳光能直射到的窗台。

众所周知，没有光照，再多的肥料、水分，再适合的温度，植物都不会正常生长发育，更不用说观赏性了，因为植物的所有营养都是在光照条件下合成的。在植物的生命活动中，有的植物对气候要求较严，有的植物适应性较强，我们可以根据其习性，将其置于合适的光照、湿度、温度环境中养护。

总而言之，光照对于植物是不可或缺的生长发育条件，这也是植物之所以能成为地球上唯一的自养生物的主要因素。在培养种子盆栽的过程中，我们可以切身体会到它们是如何任劳任怨、不求回报地把自然中的能量转化为我们需要的氧气、能源和视觉享受的。

会浇水，
"微森林"才更青翠欲滴

说到给植物浇水，有的人可能会认为，浇水还不简单，不就是把水洒到植物上就行了吗？还真没那么简单。如果不给植物浇水，植物就会枯死；但浇水太多和缺水一样，也会对植物造成伤害。总的来说，给种子盆栽浇水要注意以下几个问题，即浇水方法、时机以及如何控制好浇水量。

注意浇水方法

种子盆栽区别于普通盆栽的地方在于种子大小各异，最关键的生长阶段在发芽之前，所以在浇水的方法上有许多需要注意的地方。

第一，最好用喷雾器浇水，手动或气压式都可以。因为喷雾器水流相对缓和，不会对种子和新芽造成伤害。

第二，第1次喷水时要均匀浇透，直到整盆喷湿，水漫出盆器为止，喷完后再将多余的水倒掉。这样做的目的是使种子充分浸湿，更快发芽。之后大约两天喷水1次，直到麦饭石呈现黑色为止。除了少数喜干植物，给大部分植物浇水都可以遵循这个原则。

第三，喷水前，需注意观察麦饭石的湿润状态，如果大部分麦饭石还是黑色的，就暂时不要喷水，隔天再喷即可。

第四，种子盆栽与成年树木的浇水量有所区别，要根据植物的特性控制浇水量。

选对浇水时机

了解了浇水的方法之后，就要注意浇水的时机了，如果浇水的时机不对，也会对盆栽的生长造成危害。

"不干不浇，浇则浇透"

"不干不浇，浇则浇透"，是初学者向他人请教植物浇水问题时经常会听到的经典回答，这句话说起来简单，做起来却相当难。

对与盆栽初养者来说，很多盆栽都是被水淹死的，或者是因"溺爱"而死。那么，浇水时应怎样识别"干"与"湿"呢？遵循以下两个步骤就可以了。

一看。看盆土或者麦饭石是否发白，如果盆土过于干燥的话，其与花盆的交界处会出现裂痕；如果盆土颜色较深，盆边泥土无裂缝，则是土壤潮湿的表现。

二弹。用手指弹击、敲打盆壁，若声音清脆说明土壤干燥，若声音浑浊则说明土壤潮湿；也可凭感觉，若弹击时有空壳感说明盆土已干，有结实感则说明盆土尚湿。还应注意的是，不是所有盆栽的干湿情况都一样，因此，要一盆盆地单独分辨，根据实际情况区别对待。

夏季中午避免浇冷水

尤其要注意的是，盛夏中午，要避免给盆栽浇冷水。因为盛夏中午气温很高，植物叶面的温度常可高达40℃左

33

右，蒸腾作用强烈，同时水分蒸发很快，根系需要不断吸收水分，才能补充叶面蒸腾的损失。如果此时浇冷水，会导致土壤温度突然降低，使根毛受到低温的刺激，从而阻碍水分的正常吸收。因此夏季浇水以早晨和傍晚最合适。

控制好浇水量

除了选对浇水方法和浇水时机，浇水量的控制也很重要，要坚持适量原则；此外，还必须根据季节的变化和盆栽的实际情况作出正确判断。

就盆栽植物本身的特点来说，喜湿的品种应多浇水，喜干旱的品种宜少浇水；叶片较大且软，光滑无毛的品种要多浇水，叶片娇小且有蜡质层、茸毛、革质的盆栽要少浇水；生长旺盛期应多浇水，休眠期需少浇水；苗大盆小的多浇水，苗小盆大的少浇水。

就四季来说，每年开春后气温逐渐升高，种子盆栽进入生长旺期，浇水量要逐渐增加；夏季气温较高，种子盆栽生长旺盛，蒸腾作用强烈，浇水量应充足；立秋后气温逐渐降低，种子盆栽生长缓慢，应适当少浇水；冬季气温低，许多种子盆栽进入休眠或半休眠期，此时要控制浇水量，若盆土不太干就不要浇水，以免因浇水过多导致烂根、落叶。

春之萌：

绿意盎然的"美精灵"

玉簪，

那一片碧叶玉花的盈盈风情

在城市的绿化带中，有这样一种开着白色小花的植物，它花苞如玉、花形似簪，淡淡的幽香总是会引起路人的驻足，它就是玉簪。就是这样不起眼的几朵小花，在静静绽放的瞬间就装点了一座城市，带给人们久违的宁静和美好。

种植帮帮忙

采种：玉簪的花期在5～9月份，花期结束后即可进行种子的采集。将种子晾干后保持干燥，翌年3～4月播种。

土壤：玉簪的生命力很顽强，所以对土壤的适应能力比较好，一般在排水良好且肥沃的沙壤土中能生长得很好。

温度：玉簪产于我国长江以南地区，如四川、福建等地，其夏季耐热，冬季耐寒，生长季最合适的温度约25℃。

水分：盆栽玉簪对水分要求不高，平时只要保持土壤湿润，没有积水即可。在夏季高温时宜适当增加水量，冬季适当控制浇水，这样有利于玉簪的生长发育。

光照：玉簪属于阴性植物，适合在阴湿环境中生长，一般都是在大树底下作为绿化带大量种植。玉簪如果长期受强光照射，会导致叶片变黄，生长受阻，因此在培育过程中要避免日光暴晒。

养护跟我学

1

玉簪的种子比较轻，泡水的时候不能沉入水中。可以用纱布袋包住种子，在30℃左右的温热水中浸泡12～24个小时，使种子充分膨胀。

2

播种时，可以采用点播的方式。用手或其他工具将玉簪种子夹起，一粒粒放到基质中排列好，然后覆盖一层培养土，覆盖厚度为种粒的2～3倍。播种后用喷雾器把播种基质淋湿，注意浇水的力度不能太大，以免把种子冲起来。

3

约40天之后，就可以看到玉簪出苗了，带着白色纹路的绿油油的玉簪叶子煞是可爱。

达人支招

① 秋季是玉簪分株繁殖的季节，一般到这个季节，盆栽株形都比较大了，可以考虑分株繁殖，以分出更多的盆栽。

② 玉簪在冬季进入冬眠期，露在土壤上部的植株逐渐枯萎，可以将枯叶全部剪除，留下根状茎和休眠芽，然后盖上细土，防止冻伤根茎。到第二年植株可以继续发芽，从而得到新的玉簪盆景。

种子观察室

Q 我想去花市购买玉簪种子，怎样辨别种子的质量呢？

A 一般情况下，辨别种子有几个步骤：首先，观察种子的外观，种子完整无破损者为最佳；其次触摸种子的饱满度，均匀饱满的种子才好；最后，观察种子的洁净度，没有混合杂质的种子才是好的种子。此外，玉簪多用来种在绿化带上，也可以在夏季玉簪花期结束后，去花坛边采集种子了。

美女樱，

看氤氲晨光中"美女"如云

美女樱株丛矮密，花繁色艳，常常出现在公园入口处、广场花坛、街旁栽植槽、草坪边缘。在花期，一片片鲜艳雅致的美女樱看起来清新悦目，使周围都充满了自然和谐的气息。如果你够耐心，还可以用它来装饰你的窗台、阳台和走廊，一定能带给你不一样的视觉享受。

种植帮帮忙

采种：美女樱的花期在6~8月，9~10月即可进行种子的采集。美女樱的种子一般可以保存2~3年。

土壤：美女樱对土壤要求不高，以疏松肥沃、较湿润的中性土壤为最佳；美女樱还有一个生长特性，即如果温度、土壤合适可以节节生根，这种特性也是它作为盆栽的一个很大的优势。

温度：美女樱适合在温暖的气候中生长，最怕酷热，当生长温度达34℃时会表现得生长不良；也不耐霜寒，温度低于4℃时，植株就会进入休眠状态，甚至死亡。

水分：美女樱喜欢较高的空气湿度，但是要保持叶片干燥，尽量避免淋雨，浇水时要注意不要将水喷洒在叶子上。

光照：美女樱属于比较耐阴的植物，在室内养护就很不错，如果放在阳台上，则要注意遮阴。

养护跟我学

$\frac{2}{1\mid\overline{3}}$

1 　美女樱种子大小适中，夏秋季采集好种子之后，晾干保存，播种前泡水1~2天即可。

2 　播种时在花盆中装好培养土，距离盆口2～3厘米即可，然后盖上一层陶粒，约一周时间就可以看到美女樱幼苗冒出了。

3 　半个月后，美女樱小森林就诞生了，叶片小巧、纹理清晰。

达人支招

　美女樱在夏季高温期时往往会进入休眠状态，此时，植株对肥水要求不多，可以交替性地将其放在室内和室外养护，对于光照和水分的管理可以遵循以下周期规律：晴天或高温期每天浇水至少1次，阴雨天或低温期减少浇水量或者不浇；浇水时间最好是在早晨温度较低的时候进行，并且尽量保持叶片干燥。

盆栽观察室

Q 小区里就有美女樱，开花不少，但是为什么看不到它的种子呢？

A 美女樱结出大量种子的前提是大量开花并且能坐果，这需要一定的光照使其能够很好地进行光合作用。可能是美女樱在花期和坐果期光合作用不足，导致果实发育不良，所以你才无法找到它的种子。

含羞草，
自是那不胜凉风的娇羞

许多人养花种草无非是想找到一种回归自然且与大自然互动的感觉。植物也有生命，但植物如何与人产生互动呢？含羞草就是一种能与人互动的植物，当你触碰它的叶片时，它的叶柄就会下垂，叶片紧紧闭合，就像人害羞之后的样子，这也是它的名字的来源。这种能与人进行互动的小小绿植，怎能不叫人喜欢呢？

种植帮帮忙

采种： 含羞草的花期在9月，它的花里面没有种子，花朵枯萎后，再慢慢长出像豆荚一样的"种子匣"，一个分支上会长出5~6枚豆荚，等到种子饱满成熟后即可采集，然后晒干贮藏。

土壤： 含羞草的适应性很强，对土壤要求不高，一般的土壤均可栽培，以疏松的沙壤土为佳，很适合用作家庭内观赏植物。含羞草的原生环境为山坡丛林及路旁的潮湿地，因此在培养过程中要注意土壤不要过于肥沃。

温度： 含羞草广泛生长在我国南方地区，喜温暖气候，不耐寒，到冬季时植株自行枯死。

水分： 含羞草适宜在湿润的环境中生长，故在平时的养护过程中要注意及时补充水分。

光照： 含羞草喜欢光线充足的生长环境，虽能耐半阴，但是最好不要使其长期处于荫蔽的环境，因此盆栽最好放在向阳的地方。

养护跟我学

$1\dfrac{2}{3}$

① 　3~4月初就可以进行播种了，播前用35℃的温水将种子浸泡24小时，这样可以缩短发芽的时间。

② 　将泡好的种子均匀地撒在细土上，覆土2毫米左右，再在上面盖上一层小石头。如果环境温度保持在18℃左右，大约10天即可出苗。

③ 　含羞草种子一般入土即长，不需花费太多精力专门管理，其幼苗期生长缓慢，所以观赏期很长。

达人支招

① 在含羞草生长期间，每隔2天要浇1次透水。若长期放在室内，也要不定时地让它接受光照。

② 含羞草幼苗长到7~8厘米时，可以选择一些长势良好的幼苗进行修剪、定植，这样就可以得到更多的含羞草盆栽了。

盆栽观察室

Q 我种的含羞草都过去两个星期了还没发芽，是不是没希望了？

A 出现这种情况，可能有两个原因：首先是种子本身的问题，在选择含羞草种子时，要尽量选择饱满、有光泽的种子，保存的时候要用避光的玻璃瓶或者纸将其包住；其次就是种植后覆土过厚，造成种子无法萌芽，因此在种植时，注意覆土要薄。

蒲葵，

静候生命中的
绿色奇迹

蒲葵又叫扇叶葵，是棕榈科蒲葵属的乔木树种。采其种子培育漂亮的迷你盆栽，在爱心与耐心的双重呵护下，你不仅能唤醒沉睡的力量，领略到种子勃发的魅力，还能将原本高大的路边树改造成家中的微型植物景观。真可谓化腐朽为神奇！

种植帮帮忙

采种： 蒲葵是多年生热带及亚热带常绿乔木，我国南部地区的植物爱好者可去公园或郊外采种，而北部地区栽种以盆栽为主，可在网上或专门的种子商店选购质地优良的种子来种植。

土壤： 蒲葵对土壤要求不高，只要是疏松肥沃、排水良好且富含有机质的壤土都行。也可以用3份腐叶土、2份园土、1份黄土和少量的豆饼粕混合配制成盆土。

温度： 蒲葵适宜生长的温度为25～30℃。幼苗抗寒性差，冬季应搬入温室或摆放在室内向阳的地方养护，而且室温一般不能低于5℃。

水分： 蒲葵虽有一定的耐涝能力，但雨季也要注意排水防涝。盛夏季节如果一天不浇水，叶片就会萎蔫枯黄，甚至死亡。此外，还应经常向植株喷水以增加空气湿度。冬季应使盆土保持"见干见湿"的状态，如果盆土长期过湿，则容易烂根死亡。

光照：蒲葵喜充足的光照，但在夏季栽培时切勿放在烈日下暴晒，更不要放在建筑物的南侧，以防墙面反射过来的辐射热把叶片烤黄，最好放于楼北侧或荫棚下栽培养护，并注意通风。

养护跟我学

1. 蒲葵种子的外皮很硬，可先泡水，待种皮稍软后将其去掉，然后继续泡水，两个星期左右种子上就会出现一个小芽点了。

2. 将麦饭石清洗干净，然后铺在容器底部，以利于种子生长。

3. 在麦饭石上铺一层肥沃湿润的盆土，注意不能有结块。

4. 将蒲葵的种子用镊子一粒粒夹起，然后均匀地放在盆土上。

5. 再铺一层薄薄的盆土，此时应保持盆土湿润，不要放于烈日下暴晒。

6. 播后早则一个月、晚则60天便可发芽。幼苗期生长缓慢，需耐心养护。

达人支招

① 要想让蒲葵种子长得密集，可同时种两盆蒲葵。种子发芽后，将一盆中的种子轻轻拉起约5厘米，不用怕，棕榈科植物的根都是很长的，然后再把另一盆中的种子挖过来，补满多余的空间即可。

② 种植蒲葵种子的时节最好选在春天，因为温度对种子的生长也能起到很大的作用。

种子观察室

Q 我的蒲葵种了好久也没有发芽，这是怎么回事？

A 蒲葵的生长速度确实非常缓慢，所以新手种植常常会带来一些的挫败感。要想让蒲葵种子变成一盆漂亮的"小森林"，关键在于种子的催芽处理。将种子泡水至长出芽点后，便可以放入夹链袋，待芽点长至5厘米再种，这样就能提高发芽率。

鸡冠花，
节节高升的"红色火苗"

鸡冠花常常出现在爱花之人的庭院中，那红色的"鸡冠"随风摆动，顿时使整个庭院充满了蓬勃的生气，待收获了鸡冠花的种子，不妨来种一盆迷你又可爱的盆栽吧！在一个温暖的季节，撒下一把花籽，看着它发芽、拔节，直至长成一片郁郁葱葱的模样，尽管不会开花，却别有一番"森林"的韵味！

种植帮帮忙

采种：鸡冠花也是我国非常常见的一种观花植物，因此其种子也很容易得到；鸡冠花的花期在7～10月，想要得到它的种子，这时就要留心了。鸡冠花的种子很小，一般在花朵凋谢后采集。

土壤：鸡冠花适合在肥沃的土壤中生长，有条件的话，可以在肥沃的土壤中加一些氮肥和钾肥。

温度：鸡冠花喜欢温暖的环境，最适宜的生长温度是18～28℃；它害怕寒冷，在寒冷的环境下就会生长缓慢甚至停止生长，因此，播种最好选择在晚春温度较高的时候进行。

水分：鸡冠花在种植后要1次浇透水，之后可根据实际情况进行浇水，保持土壤湿润即可。还要注意浇水时动作尽量轻一些，以免冲起泥土污染植株下部的叶片，从而影响美观。

光照：鸡冠花属于向阳性植物，在生长过程中要尽量给予其充足的光照，最好在4个小时以上，因此鸡冠花盆栽不适宜摆放在阴暗的角落。

养护跟我学

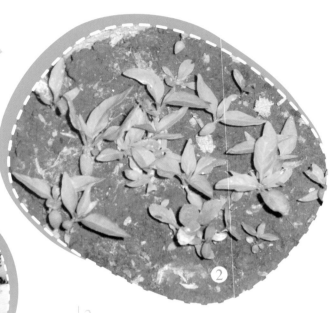

$\dfrac{2}{3}$

① 因鸡冠花的种子非常细小，故覆土2～3毫米即可，不宜过深，否则会阻碍种子发芽，在播种前最好将混在种子中的杂质捡干净。

② 覆好土后，用细眼喷壶稍微喷些水，并适当遮阴，两周内都不用浇水。约一周即可长出幼苗。

③ 鸡冠花出苗后生长速度就比较快了，幼苗的根茎会呈现出红色，可以在旁边放一些小石子进行装饰，但要注意不要伤害到幼苗。

达人支招

① 在给花苗浇水的过程中注意不要让下部叶片粘上泥土，等到植株长到5～7厘米的时候，可以在根部铺上麦饭石或者蛭石，这样能使植株根部看起来清爽、干净。

② 鸡冠花喜欢温暖，因此在夏季也可以播种，注意避开温度过高的时间即可。

③ 鸡冠花在温室里也可以培养，只要注意温度和湿度即可；但从温室里移植到外面，必须在发芽长出四片叶子后，还要在晚上拿到室外去坚苗，让它学会适应寒冷的环境，否则会长得细长娇弱且很快死去。

种子观察室

Q 我的鸡冠花盆栽长得越来越虚弱，怎么回事啊？

A 如果花苗本来处于温暖的环境，气温骤降就可能导致其发育得细长娇弱。因此在养护期间要注意做好保温措施。有些地区早晚温差较大，鸡冠花就很容易出现这样的现象，一般情况下，等温度恢复到25℃左右的时候，植株即可恢复正常。

扮靓 TIPS

风雅怡人的鸡冠花盆栽

材料： 敞口陶瓷花盆、鸡冠花幼苗

创意概念： 鸡冠花幼苗叶片小巧可爱，翠绿欲滴，搭配上深蓝色与白色小碎花相间的敞口花盆，显得风雅而又充满艺术的气息。在充满阳光的午后，捧一杯清茶，悠闲地欣赏着这盆绿植，对生活的领悟与内心的宁静随之而来，这就是植物的魅力所在吧。

千日红，
浪漫永恒的爱恋

说起千日红，人们往往最先想到的是它那漂亮的花朵既有观赏价值，又可以用来泡茶。其实，将千日红的种子撒播在迷你花盆里，观察种子从生根发芽到枝繁叶茂的过程，你会禁不住感慨大自然的神奇，也会从中收获许多惊喜。

种植帮帮忙

采种： 千日红是我国长江以南地区常见的花卉，其花朵呈紫红色，花期在7～10月，可以在此时进行种子的采集。

土壤： 千日红是一种观赏花卉，也是一种重要的中药，其原生环境在比较恶劣的坡地、山上，它对土壤的要求并不是很高，但在疏松肥沃的土壤中能生长得更好。

温度： 千日红生命力很顽强，喜欢阳光充足、炎热干燥的环境，它不耐寒，生长适温为20～25℃，在35～40℃的环境中也能生长得很好，当温度低于10℃时，植株生长会受阻。因此，若作为观赏盆栽，最适宜在春末播种，夏季观赏。

水分： 千日红对水分需求不是很高，生长期间不宜过多浇水、施肥，否则会使茎叶生长不良，影响观赏效果。

光照： 千日红属喜光性花卉，生长和开花期需要充足阳光。如果阳光充足，则枝叶粗壮，开花时花色更加鲜艳，开花不断。

养护跟我学

2
千日红的种子外部有一层灰褐色的表皮，如果想加快发芽速度的话，可以用20~30℃的温水将种子泡2个小时左右，把外面的表皮去掉后备用。

3
在花盆中装好培养土后，将种子一粒粒放入土中，然后在上面轻轻覆上一层土，喷洒一些清水。

1
找一个小花盆，陶瓷、塑料质地均可，在花盆底部铺上一层小石头。

4
大约10~15天就可以出苗，等幼苗出齐后小心摘去柔弱的花苗，保证每根花苗都有一定的生长空间。

达人支招

① 千日红对水、肥非常敏感，在养护期间不要过多浇水、施肥，尤其在梅雨季节时，应减少浇水频率，否则可能会造成植株因受涝而死亡。

② 千日红也可以进行扦插，但是成活率会受到温度、湿度和水分的影响，所以还是尽量选择种子种植比较好。

种子观察室

Q 我在外面的花坛里采到了一些已经凋谢的千日红花朵，里面有种子，如果直接把花埋在土里，能发芽吗？

A 按理说，如果种子已经完全成熟了的话，这样是可以的，只不过发芽时间会延长不少，发芽率也不能保证，如果想要很好的盆栽效果，不妨将种子进行处理后再播种。

枇杷，
独具四时之气的小盆栽

枇杷原产于我国东南部，因其叶子形似乐器琵琶而得名。它与大部分果树不同，在秋天或初冬开花，比其他水果都早成熟，因此被称作"果木中独备四时之气者"。将吃剩的枇杷核收集起来，花点小心思种在花盆里，就能变成生机蓬勃又可爱迷人的"小森林"哦！

 种植帮帮忙

采种：枇杷的果实在春夏时节成熟，这时收集种子非常方便，可在市场上购买成熟果实或到公园里采摘。枇杷种子最好随采随种，这样发芽率和成活率更高。

土壤：种植枇杷应选择肥沃且富含有机质的培养土。如果担心土壤容易板结，可以将购买的营养土与细沙按照3：1的比例混合，再加入一些腐殖质比较丰富的土壤，就基本上能满足枇杷的生长需要了。

温度：枇杷不耐严寒，适合在温暖的环境中生长，若温度过低就会生长缓慢。其生长期的平均温度要控制在15℃以上。

水分：枇杷比较耐旱，浇水不宜过多，若空气湿度过高或者土壤水分过多，都不利于枇杷的生长发育，因此在生长期要控制浇水量，只要保持土壤不要过于干燥即可。

光照：枇杷幼苗期对光照没有太高的要求，若光照充分，叶片光合作用强烈，颜色就会加深，反之则比较淡，可以根据个人的喜好进行培养。

养护跟我学

1 由于枇杷种子的外皮比较坚硬，要想提高发芽率，可先用30℃左右的温水浸泡7天，注意每天换水，待种皮泡胀后将其去除。

①

②

2 将剥皮的种子均匀地撒播在花盆里，再覆盖一层薄土，浇透水后放于阴凉通风处，不久就有嫩绿的小芽从泥土里钻出来。

3 随着气温的升高，枇杷幼苗的长势越来越好，远远望去，还真像一片绿意盎然的"小森林"呢！

③

达人支招

① 周围的环境温度越高，则枇杷生长越快，所以最好选择在夏季温度较高时进行播种。

② 播种时要将发芽的部位朝上，这样就能打造出更好的盆栽效果。

种子观察室

Q：我的枇杷种下后长得特别缓慢，好不容易发了芽，这时要特别注意些什么吗？

A：枇杷的嫩芽非常脆弱，注意不要经常用手去触碰，浇水时要用喷雾式洒水器，以免冲坏嫩芽。

橘子，
如雨后春笋般的 小生命

橘子是我们秋冬时节经常会吃到的一种水果，它在我国种植历史悠久，品种繁多，其中最常见的一种是椪柑，这个品种的果实外皮肥厚，颜色鲜艳，口感多汁酸甜，含有大量维生素。橘子盆栽就是利用平时都会被丢弃的种子进行种植，操作起来十分简单，所以快来实践一下吧！

种植帮帮忙

采种： 橘子是我国常见的水果之一，反季节水果几乎一年四季都可以见到，因此采种比较方便，平时食用完橘子之后，将种子晾干保存下来即可。橘子种子不耐保存，因此最好是即采即播。

土壤： 橘子种子适宜生长于深厚肥沃的中性至微酸性的沙壤土中，可以从花卉市场购买这种培养土，因为这种土壤肥料充足，吸水性强；另外，可以准备一些细沙混合，以增强土壤的透气性。

温度： 橘子幼苗不耐寒，气温低于-7℃时，容易发生冻害，它的生长温度不宜过高或者过低，因此最好在春末夏初时进行播种。夏季高温期，要放在阴凉的地方遮阴降温。

水分： 橘子播种后到发芽前要保证有足够的水分，出苗后就要控制浇水量了，橘子苗不喜湿，平时养护的过程中注意不要喷水过于频繁。

光照： 橘子苗喜欢阳光充足的环境，在阳光充足的地方，光合作用强烈，叶片颜色更鲜艳。橘子幼苗稍耐阴，可以放置在半阴的环境中培养，要注意的是，不可长期处于荫蔽的环境，否则叶片颜色变淡，既影响观赏效果，也影响植株的正常生长。

养护跟我学

$\dfrac{2}{3}$ 1

① 选取橘子的种子，放在容器内用25℃左右的温水浸泡3～4天，在此期间，记得每天换水。

② 将浸泡好的种子一粒粒有规律地摆放在培养土上，盖上一层土，不要太厚，喷洒一些清水，放在阴凉通风的地方，一周左右，即可出苗。

③ 再过一周，橘子苗越长越高，翠绿的叶子非常惹人喜爱，且越来越有小森林的感觉了。

达人支招

① 如果想要盆栽变得浓密，可以在播种时增加种子的密度，这样发芽后的橘子苗看起来更加郁郁葱葱，观赏效果就更好了。

② 等到种子发芽之后再移植到花盆中，可以提高发芽率，而且整齐度要更好一些。

盆栽观察室

Q 在选择橘子的时候，怎样知道它的种子是比较好的呢？

A 一般来说，橘子的质量好的话，种子也不会差到哪里去，可以通过看、摸、闻三个步骤进行选择。色泽鲜艳、外皮完整的橘子品质较好；摸上去手感细腻且皮比较薄、水分多的橘子比较新鲜；新鲜的橘子闻上去有一种淡淡的芳香气味。

合欢，
叶间枝上
风韵由天定

　　自古以来人们就有在宅第园池旁栽种合欢树的习俗，因为合欢树的小叶朝展暮合，寓意夫妻和美，阖家幸福。可如今的人们大多住在高楼大厦里，自然不可能栽种高大的合欢树，但我们却可以收集合欢树的种子，将它制成迷你盆栽摆在窗台或阳台上，也能带来些许吉祥的兆头呢！

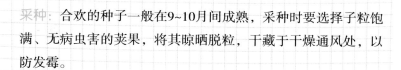

种植帮帮忙

采种：合欢的种子一般在9~10月间成熟，采种时要选择子粒饱满、无病虫害的荚果，将其晾晒脱粒，干藏于干燥通风处，以防发霉。

土壤：合欢树生长比较粗放，幼苗对土壤要求也不是很高，一般选择土层深厚的肥沃土壤或者透水性较好的沙壤土都可以满足其生长需要。

温度：合欢喜欢温暖的环境，花期在6~7月高温期，温度维持在25℃以上生长得最好。合欢也比较耐寒，冬季在室内养护，也可以安全越冬。

水分：合欢适合在湿润的环境中生长，养护过程中要经常补水，同时要保证排水通畅。

光照：合欢属于喜光植物，要让其接受充分的光照。

养护跟我学

1　选取合欢的种子，放在容器内用25℃左右的温水浸泡3~4天，在此期间，记得每天换水。

2　取出浸泡好的种子，再将土壤装入容器中，喷洒一些清水，然后将种子一粒粒有规律地摆放在培养土上。

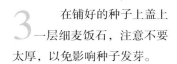

3　在铺好的种子上盖上一层细麦饭石，注意不要太厚，以免影响种子发芽。

4　一周之后，合欢苗就冒出头了，翠绿的叶子非常惹人喜爱，出苗后还是要每天喷洒清水。

达人支招

由于合欢种皮坚硬，为使种子发芽整齐，出土迅速，播种前可以用0.5%的高锰酸钾冷水溶液浸泡2小时，捞出后用清水冲洗干净置于80℃左右的热水中浸种30秒，最长不能超过1分钟，否则影响发芽率，24小时后就可以进行播种了。利用这种方法催芽，发芽率可达80%~90%，且出苗后生长健壮不易发病。

种子观察室

Q 我的合欢盆栽长得好瘦弱，好像风一吹就会断，正常吗？

A 合欢树的幼苗看起来是很纤细柔嫩的，不过也没有那么容易断，只要土壤养分足够，平时浇水、搬动的时候注意动作轻一点，基本没有问题。如果害怕合欢容易折断，可以增加播种的密度，这样幼苗之间互相"支撑"，这样不易折断，看起来也更密一些。

扮靓 TIPS

最具田园风的合欢盆栽

材料： 韩式陶瓷花盆、合欢幼苗

创意概念： 合欢花花丝细长、浓密粉嫩，像极了害羞少女的脸庞，又承载着"和睦、友好"的愿望，可是似乎很难把合欢放在家里，那么，一盆小小的合欢盆栽就可以帮你满足心愿。那鲜嫩的叶片，搭配具有韩式田园风的素雅陶瓷盆，顿时让人眼前一亮。

柠檬，
最萌的桌台 "绿宠"

　　春天里，撒下几粒种子，想象着小
小的柠檬种子在土里生根发芽，美妙的
生命在你的眼前孕育，是一件多么美妙的事情啊！平时，
只要我们把吃柠檬剩下的种子保存好，就能种下一盆柠檬盆
栽，这种由播种到见证生命萌发的过程对每天忙着工作的你来
说，又何尝不是一种绝好的调剂呢？

种植帮帮忙

采种：柠檬是我们经常会吃到的一种水果，收集柠檬种
子的方法与橘子非常类似，只要将吃柠檬剩下的种子留
下，晾干保存即可。

土壤：柠檬最适宜在亚热带地区生长，它对土壤要求不
高，一般的营养土均可满足种子生长的要求。

温度：柠檬幼苗盆栽适宜的生长温度为23～28℃，最好
将其放在温暖的环境中养护，夏季时避免因温度过高引
起植株枯萎即可。

水分：柠檬幼苗对水分要求不高，每隔1～3天补充1次水
分即可，夏季温度高的时候需增加喷水的频率。

光照：柠檬幼苗盆栽在养护的过程中应尽量避免长时间
阳光直射，平时将花盆放在书桌、阳台上均可。

养护跟我学

2

取一部分种子用温水泡48个小时左右，直到种子充分软化。用小刀轻轻地剔除包裹种子的表皮，就可以看到里面黄色的种子了。

3

在容器中装入适量的营养土，将泡过的柠檬种子放入土中，盖上约5毫米厚的土，然后将其放到温暖湿润的地方即可。

1

选择一个小巧可爱的陶瓷杯子或者瓷花盆。

4

1~2周之后，就有柠檬树苗的嫩芽长出来了。可以将它摆放在办公桌或者向阳的阳台上。

达人支招

② 在去掉种子的表皮的时候，注意不要伤到种子的出芽点，否则就前功尽弃了。

② 如果想缩短种子发芽的时间，可以在播种后用保鲜膜包住容器，以达到保温、保湿的效果。

种子观察室

Q 我的柠檬盆栽越来越大了，能不能把比较大的树苗移植栽培呢？

A 当然可以，不过种子盆栽最吸引人的地方就是那郁郁葱葱的感觉，若进行移植，势必会破坏这种美感，所以，如果不是非移栽不可，只要稍微进行修剪即可。

凤仙花，
随风摇曳的绿衣仙子

凤仙花花型、颜色各异，是我们身边再普通不过的一种花，它们如鹤顶、似彩凤，姿态优美，妩媚悦人。在清凉的早晨，香艳的红色凤仙和娇嫩的碧色凤仙次第开放，让人顿时拥有大好心情。除了家庭培养，凤仙花还是美化花坛的常用材料，丛植、群植和盆栽都是不错的选择。

种植帮帮忙

花期：凤仙花的花期在7~10月，花朵凋谢后，会长出包裹着凤仙花种子的小球，等到种子完全成熟时，手指轻轻一碰小球就会炸裂弹开，收集好这些种子，留到第二年春天时播种即可。

土壤：凤仙花属于生命力比较顽强的一种植物，它喜欢疏松肥沃的土壤，但是在贫瘠的土壤中也能生长，只是不及在肥沃土壤中生长得旺盛。

温度：凤仙花比较耐高温，最适宜的生长温度为20~28℃，温度过高时，植株会呈现枯萎状，等到温度降低到适宜温度时又可恢复正常生长，冬季植株就枯萎了。

水分：凤仙花对水分要求不高，1~2天喷1次水，保持土壤湿润即可。

光照：凤仙花属于向阳花，最适合摆放在阳光充足的阳台上。

养护跟我学

1. 　播种前，将种子放在通风处晾一下，让种子充分呼吸氧气，提高发芽率。

2. 　播种后约一个星期即可出苗，在出苗期注意保持土壤湿润。

4. 　将花盆放在阳光充足的地方，凤仙花苗便会越长越高。

3. 　一周过去了，凤仙花苗越来越多，有的叶片从圆形变成了尖尖的形状。

5. 　凤仙花枝干越来越粗壮，可以拔掉一些生长瘦弱的花苗，使盆栽更加整齐。

达人支招

① 凤仙花可食用，嫩叶焯水后可加油盐凉拌食用；凤仙花还有很高的观赏和药用价值。将凤仙花瓣碾碎取汁可以用来染指甲，因此凤仙花又被称为"指甲花"。

② 凤仙花如鹤顶、似彩凤，姿态优美，妩媚悦人。香艳的红色凤仙和娇嫩的碧色凤仙都是早晨开放，这是欣赏凤仙花的最佳时机。

③ 在凤仙花幼苗期，可以通过摘心、修剪对盆栽进行造型，使株形更加茂密、浑圆集中，形成繁花似锦、绿叶如茵的效果。

种子观察室

Q 我的凤仙花终于发芽了，可是为什么长大一点之后就变得东倒西歪了呢？

A 可能是浇水方法不对导致的，在凤仙花发芽后，要保持基质湿润，但也不能过于湿涝，否则容易导致凤仙花茎秆长得过于瘦弱，变得东倒西歪的。因此，对于这种情况，控制一下浇水量就行了。

扮靓 TIPS

超养眼的手绘凤仙花盆栽

材料： 手绘风方形花盆、凤仙花苗

创意概念： 若在凤仙花幼苗期不摘心，也不修剪，任其自由生长，枝叶会自然地向四方延伸，从而形成非常丰满的效果。再搭配一个具有手绘风格的方形花盆，则更加养眼。当成片的凤仙花一起开花时，五颜六色，随风摇曳，真是别有一番情趣。

夏之悦：

热情蓬勃的"微雨林"

龙眼，
自有一番
情趣绕枝叶

龙眼原产于我国南部及西南部，是我们生活中常见的水果之一，它含有多种维生素、矿物质、蛋白和脂肪；龙眼晒干之后就是桂圆，也是医药上的珍贵补品。享用完这美味、营养的果实后，用它们的种子来种植一盆小小的绿色盆栽，也不失为一件怡情养性的事情。

种植帮帮忙

采种：龙眼树3~4月开花，7~8月结果，其种子很好采集，吃完果实后里面黑色的核就是它的种子，不要丢弃。龙眼的种子寿命很短，因此最好是采集完之后用清水洗净立即播种。

土壤：野生龙眼原产于海南西南部低山丘陵台地半常绿季雨林之中，它能在干旱、贫瘠的土壤中扎根生长。龙眼的萌芽力极强，被采伐或被火烧的树桩，也能迅速萌芽更新，因此用作种子盆栽的土壤不必过于肥沃。

温度：龙眼树主要生长于热带、亚热带地区，适合在温度高的环境中生长，因此宜选择在夏季播种。

水分：龙眼喜干热环境，冬春季节时可以忍受干旱，夏秋高温季需要补充充足的水分才能生长良好。

光照：龙眼为喜光树种，幼苗期也要给予充分的光照，不能使其长期处于过于荫蔽的环境中，否则可能导致龙眼幼苗因生长瘦弱而死亡。

修剪：龙眼出苗后就会生长得很快，可能会出现参差不齐的现象，因此可以进行适当的摘叶、间苗，以提高盆栽的观赏性。

养护跟我学

1. 选择饱满、光滑的龙眼种子，浸泡于25℃左右的温水中，每隔2~3天换1次水，一般一周左右种子就有萌发的迹象，这时就可以进行播种了。

2. 将花盆中的培养土装到七八分满的位置；将泡好的种子一粒粒排列好，注意要将种芽萌发的位置朝上，即龙眼种皮白色的部位朝上；然后盖上一层麦饭石，麦饭石的排列不要过于紧密，否则会影响种子的萌芽；最后喷洒清水。

3. 大约一周后，就可以看到龙眼幼苗从麦饭石的缝隙中钻出来了，这时需注意补充水分，以加速幼苗的成长。

4. 半个月后，龙眼苗越来越高，纤细挺拔的龙眼盆栽无论是放在书桌上还是窗台上，都是一道赏心悦目的风景。

达人支招

① 收集龙眼种子时一定要将种子上的果肉清除干净再泡水催芽，否则果肉腐烂可能会导致种子腐烂。如果环境温度较高的话，最好每天换1次清水，直到龙眼核裂开一道缝。

② 刚长出来的龙眼幼苗呈嫩黄色，等到嫩芽长高点后，可以让它适当接受一些光照，慢慢地，叶片就会变得绿油油的了。

种子观察室

Q 新鲜龙眼和龙眼干里面的种子都可以用来做盆栽吗？

A 龙眼带壳带核晒干后就是龙眼干，只要是成熟的龙眼，在这个过程中，它的种子基本上是没有什么变化的，因此，在精心挑选的前提下，都是可以进行播种的。相对来说，新鲜的龙眼种子比龙眼干的种子活性更强。

扮靓 TIPS

萌力全开的龙眼盆栽

材料： 猫头鹰造型花盆、龙眼种子

创意概念： 将龙眼种子种植于有着猫头鹰造型的独特花盆中，可以打造出别具一格的龙眼盆栽。待种子长成小森林后，那青翠欲滴的叶子给人一种清凉、宁静的感觉，而可爱的猫头鹰又给龙眼增添了一丝萌萌的感觉，远远望去，让人觉得仿佛真的置身于大自然中。

香瓜，
紧紧相依才甜蜜

香瓜又被称为甜瓜，它外形美观，色彩鲜艳，口感脆甜，清爽可口，是一种很好的夏季水果。香瓜中含有维生素A、维生素C及钾，具有很好的利尿及美容作用。利用香瓜种子培养的盆栽葱翠密集，幼苗紧紧相依在一起，给人一种视觉上的享受。

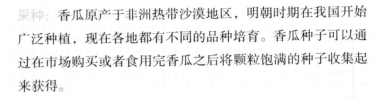

种植帮帮忙

采种：香瓜原产于非洲热带沙漠地区，明朝时期在我国开始广泛种植，现在各地都有不同的品种培育。香瓜种子可以通过在市场购买或者食用完香瓜之后将颗粒饱满的种子收集起来获得。

土壤：香瓜耐贫瘠，一般的营养土都可以满足它的生长需要。

温度：香瓜幼苗的生长速度很快，白天温度最好控制在20~25℃，夜间不能低于10℃，否则会冻坏幼苗，影响植株生长。

水分：香瓜对土壤水分的含量有比较高的要求，除了发芽时需要有充足的水分外，发芽后最好也能每天用小喷壶喷1次清水，使土壤湿透。

光照：香瓜在光照充足的环境下才会长得更加苗壮，故应该尽量使其保证每天10~12小时的日照时间。香瓜盆栽最适合摆放在向阳的阳台上。

修剪：香瓜的生长比较粗放，平时进行简单的整枝即可做出比较好的造型，具体方法是在香瓜发芽后，及时去掉生长瘦弱的幼苗和植株根部的烂叶；等植株长出3~5片叶子后可以进行摘心，这样就可以增加盆栽的密度，获得更好的观赏效果。在进行间苗或者摘心的过程中，注意不要伤害长势良好的幼苗。

养护跟我学

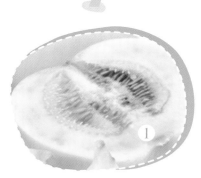

$\dfrac{2}{3}$

1

1. 　香瓜的种子和果肉紧紧地粘连在一起，播种时不需要将果肉和种子完全分离，可以将果肉用手捏碎，取少量培养土混合。

2. 　在容器中装入七八分满的培养土；将混合了种子的培养土均匀地撒在上面，然后盖上一层麦饭石，喷洒一些清水。7~10天后，香瓜种子发芽了。

3　再过一周，香瓜幼苗越长越多，也越来越密集，若想让它长得更大，可以进行适当的间苗。

达人支招

① 香瓜的种子周围裹着一层甜甜的、富含养分的黏液，这层黏液虽然会引诱鸟儿啄食种子，但也可以提供种子萌发时所需要的营养，这也为处理种子省去了一道步骤。

② 可用55～60℃的温水浸种15分钟，杀灭种子表面的病菌。再将种子置于室温（20℃）条件下的水中浸泡2～3小时，捞出后用干毛巾擦去种子表面水分。然后将种子裹于潮湿毛巾中，外包塑料袋，置于28～30℃的恒温环境中，20小时后即可出芽。

扮靓 TIPS

古韵悠长的香瓜盆栽

材料：带底古典小花盆、香瓜幼苗

创意概念：香瓜苗脆嫩纤细，不需要太大的容器，选择直径在7～10厘米左右的容器即可。描绘着甲骨文的小花盆，小巧可爱，颜色鲜艳，与香瓜幼苗脆嫩的绿叶交相呼应，放在书桌上，顿时让人感觉一股文化的清新扑面而来。

种子观察室

Q 香瓜盆栽出苗后肥水管理要注意些什么？

A 香瓜苗本身生长就比较粗放，盆栽也不需要它开花坐果，所以香瓜盆栽对肥水要求并不高，不需要另外补充肥料或养分，有的盆栽可能会因为土壤养分不够而出现叶片变黄、凋落的现象，这时可以在幼苗长出叶子后在植株根部施一点淡肥水。平时把花盆放在通风的地方即可，幼苗期应避免强光直晒。

绿豆，
豆芽音符
排排站

绿豆因为颜色青绿，又被人们称为青小豆。它原产于印度、缅甸地区，现在东亚各国普遍种植，非洲、欧洲、美国也有少量种植。绿豆的种子和茎被广泛食用。中医上说，绿豆清热之功在皮，解毒之功在肉，因此经常食用绿豆的话，对身体健康是大有裨益的，其中用绿豆熬制的绿豆汤，是家庭常备的夏季清暑饮料，其清暑开胃，老少皆宜。

种植帮帮忙

采种：绿豆种子可以在超市买到，如果有条件，可以在6~8月绿豆成熟时亲自去农田采集。绿豆种皮容易吸湿受潮，因此要注意贮藏方法，若贮藏过程中温度高、湿度大，种子容易丧失发芽率，甚至霉烂变质，所以，绿豆种子要放在干燥、通风、低温条件下贮藏。一般来说，只要温度合适，绿豆是四季都可以播种的芽菜，只是在夏季播种管理起来更加简单，因此建议在夏季播种。

土壤：绿豆种子盆栽分为水培和土培两种，水培就是直接将绿豆泡在水中直到发芽，其缺点是不易造型，看起来比较杂乱；而土培可以通过对种子的排列达到造型的目的，这样更适合用来做种子盆栽。盆栽土壤用在花店中购买的营养土即可。

温度：绿豆的种子喜温、耐热，其发芽时的最低温度为10℃，最适宜温度为21~27℃，最高温度为28~30℃，不宜超过32℃，若夏季气温过高，可以通过用凉水浇淋豆芽来降温，冬天培养时可以用温水浇淋，以达到提高豆芽温度的目的。

水分：在绿豆发芽生长的过程中，水分发挥着重要的作用。在种子发芽前，每天至少要浇两次水，发芽后可以减少到一天1次。

光照：绿豆芽刚萌发的时候是白色的，使其接触一定的光照后，叶片会进行光合作用变成绿色，此时会更有观赏价值。

养护跟我学

1 选择颗粒饱满的绿豆种子，如果是在超市购买的话，一定要买当年产的绿豆。

2 用水将绿豆种子浸泡24小时，就可以看到有的种子已经发芽了。

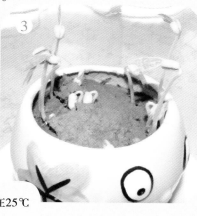

3 将培养土浇透后，把绿豆种子均匀地撒在培养土上，并盖上一层薄薄的培养土，2~3天就可以看到种子出土。

4 如果温度保持在25℃左右，7~10天豆芽就基本上出齐了。

5 等绿豆芽长到15~20厘米的时候，就可以进行采摘，用来做汤或炒菜都很美味。

达人支招

① 绿豆芽生长速度很快，可以通过采摘生长较快的芽苗来达到修整造型的目的。

② 相对于大多数种子盆栽来说，绿豆芽的生长周期还是比较短的，只要将温度控制在25℃左右，一年四季都可以进行培养。

种子观察室

Q 除了美观的问题，绿豆芽无土栽培与有土栽培还有什么不同呢？

A 总的来说，二者的区别在于芽苗生长的营养成分来源不同。有土栽培的绿豆芽比无土栽培的绿豆芽，不仅生长速度要快很多，且芽苗色泽也要鲜嫩很多。这是因为土壤中含有大量植物生长所需要的营养物质，而且是天然的，最容易被植物吸收和消化，而无土栽培却达不到这样的效果。

扮靓 TIPS

童趣十足的绿豆盆栽

材料：卡通造型的迷你花盆、绿豆芽

创意概念：绿豆芽根茎洁白脆嫩、叶片小巧青绿，等绿豆芽洁白的茎长到10厘米以上，且叶片已经完全展开，纹路清晰可辨时，再搭配小·黄鸭造型的迷你花盆花盆，摆放在厨房触手可及的地方，立刻为厨房增添了一丝童趣。巧手的主妇，还可以摘下一株绿豆芽作为配菜，为家人奉献一道美味又营养的佳肴。

罗汉松，
浓妆淡抹总相宜

　　罗汉松成年植株树姿秀雅葱翠，老干古枝衬以山石，更为古雅，自古以来就是重要的盆栽品种。如果养护得宜，罗汉松四季鲜绿，观赏时间很长，其中以夏季观赏效果最佳。罗汉松与不同的植物、配饰搭配又会呈现出不同的效果，与竹、石配置，组成小景，非常雅致；丛林式罗汉松盆景，配以小景物，也别具情趣。

种植帮帮忙

采种：罗汉松的花期为4～5月，种子8～9月成熟。罗汉松的种子不易保存，最好即采即播。采集种子时要及时去掉种托，以免霉坏。如果是必须保存的话，要将种子稍加晾干，使种皮皱缩，但是要避免烈日暴晒。

土壤：罗汉松原生环境比较恶劣，因此对土壤的要求并不高，在贫瘠或肥沃的土壤中都能生长，只要保持排水良好，土质疏松即可。家庭种植可以去花卉市场购买已经调配好的营养土，基本上就能满足罗汉松的生长需要。

温度：罗汉松对温度的适应性一般，喜温暖、湿润气候，耐寒性弱，在培养过程中注意保持生长温度不要长期过高或过低。冬季要做一些保温措施。

水分：罗汉松耐阴湿，生长期要注意经常浇水，坚持"不干不浇、浇则浇透"的原则，但不能有积水，否则容易引起植株烂根。一般要在早晚各浇1次水，可以经常向叶面喷水，使叶色鲜绿，观赏效果更好。

光照：罗汉松属于中性偏阴性树种，能接受较强光照，也能在较阴的环境下生长。罗汉松在高温强光的条件下可以保持更好的生长状态。一般只需要在罗汉松小苗时进行适当遮阴即可。

养护跟我学

1. 　　罗汉松的种子比较小，外面有一层较厚的表皮，可以先进行浸种催芽，加快种子发芽的速度。

2. 　　将浸泡好了的罗汉松种子用小镊子夹起来，一粒粒摆放在已经铺好培养土的花盆中，排列可以稍微密集一些。

3. 　　保持温度在25℃左右，10天后，就可以看到罗汉松幼苗出土了。刚开始可能就几个小苗冒出来，不用担心，其他的也会陆续长出来。

4. 　　半个月之后，罗汉松幼苗越来越多，叶子也越来越多了，注意补充水分，放在向阳的地方养护。

达人支招

① 罗汉松可以常年进行修剪，剪去徒长枝、病枯枝以保持优美树形，开花时最好及时摘掉花蕾，以免消耗养分，从而影响生长。

② 如果长期处于高温潮湿的环境中，罗汉松生长后期可能会出现叶斑病、红蜘蛛等病虫害，可以用0.5%~1%的波尔多液防治叶斑病，用40%的乐果1500倍液喷杀红蜘蛛。

种子观察室

Q 我的罗汉松之前一直长得很好，可是最近叶子越来越黄，怎么回事啊？

A 可能是水分不足所致。罗汉松属于喜湿植物，在生长期对水分要求更高，很多种植者没有根据它各个生长期的特点来补充水分，这就会导致叶片变黄，甚至植株死亡；在罗汉松出苗前，对水分要求不是很高，但是出苗后就要经常补充水分。平时，可以经常向植株喷洒叶面水，这样叶色就会更鲜绿，叶片也会生长得更好。

扮靓 TIPS

透着复古情怀的罗汉松盆栽

材料：复古型陶瓷花盆、罗汉松幼苗

创意概念：罗汉松的叶子小巧、密集，非常适合用印刻着埃菲尔铁塔的复古型陶瓷花盆来种植。随着罗汉松幼苗的渐渐长大，其树姿变得葱翠秀雅，叶色更为鲜绿，还透着苍劲高洁之感，如果再配合山石制成富有古雅别致感觉的盆景，则效果更佳。

荔枝，
夏季里的那一抹鲜绿

荔枝原产于中国南部，是亚热带果树，它与香蕉、菠萝、龙眼一同号称"南国四大果品"。其果肉新鲜时呈半透明凝脂状，味香美，但不耐储藏。因杨贵妃喜食荔枝，还使得杜牧写下了"一骑红尘妃子笑，无人知是荔枝来"的千古名句。

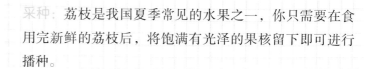

种植帮帮忙

采种：荔枝是我国夏季常见的水果之一，你只需要在食用完新鲜的荔枝后，将饱满有光泽的果核留下即可进行播种。

土壤：用来培养荔枝盆栽的土壤不必过于肥沃，将营养土和沙按照4：1的比例混合配出培养土即可，加入沙的目的是增加土壤的透水性。营养土在花店一般都可以买到。

温度：在整个培养过程中，最好将温度维持在25~30℃之间，在这个温度区间，种子更容易发芽，幼苗生长也会更加茂盛。

水分：如果花盆底下有排水孔，浇水时浇到排水孔流出水就行，如果是无孔盆器，就要控制好浇水量，否则可能因为水分过多导致种子腐烂。平时最好用喷壶喷水，土壤湿润的情况下，每天需用喷壶喷1次植株表面。

光照：荔枝幼苗期要进行适当的遮阴，光线过强可能会导致叶片颜色变淡甚至枯黄，一般将盆栽放置在桌台或窗台上即可。

 养护跟我学

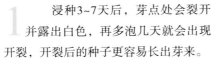

1 浸种3~7天后，芽点处会裂开并露出白色，再多泡几天就会出现开裂，开裂后的种子更容易长出芽来。

2 将浸泡好的种子由外圈往内圈排列整齐，注意芽点朝上。

3 在种子上薄薄地盖上一层土，直接铺上一层麦饭石。5~7天后，就可以看到荔枝发芽了。

4 一周后，荔枝叶片越来大，生长越来越茂盛，这表示荔枝已经开始长根了。

5 荔枝幼苗已经长得很密集了，就像美丽的"小森林"一样让人赏心悦目。

达人支招

① 荔枝的种植，在花盆的选择上还是比较自由的。选择有排水孔的花盆的好处，就是如果你浇水过多也不至于把植株淹死，且不容易烂根。如果你是经验丰富的绿植高手，可以控制好浇水量，那么使用无排水孔的花盆会更好。

② 如果刚开始用的培养土很干，用喷壶喷水时就得多喷几次，这样才能让土壤完全湿润。水一定要适中，不能过量也不能太少。种好后，一定要喷洒足够的清水，这样有利于种子更快萌芽。

种子观察室

Q 我要出门几天，浸泡的荔枝种子没法天天换水怎么办？

A 并不是所有的种子都要进行浸种催芽，其实荔枝的种子不进行浸种催芽也是可以的，只是发芽的时间比较长，而且发芽率也不好控制。如果不能保证每天换水，最好将种子浸泡在干净水中并放在冰箱里，否则种子可能因为没换水而发臭。

扮靓 TIPS

古朴典雅的荔枝盆栽

材料： 古朴型陶瓷花盆、荔枝幼苗

创意概念： 荔枝盆栽可以长到15厘米以上，属于比较高的种子盆栽，因此可以选择一个有着古朴色泽和典雅花纹的陶瓷花盆，其口径也不要太大，这样能更好地烘托出荔枝幼苗高挑、挺拔的姿态，摆放在阳台或者书桌上，都是不错的点缀。

阴香，
清香四溢的
天然空气净化器

阴香成年树冠呈伞形或近圆球形，四季常青，株态优美，清香自然，对氯气和二氧化硫均有较强的抗性，是非常理想的园林树种。作为庭荫树、行道树、风景林而遍布城乡。随着种植数量的增加，各种病虫害日趋严重，致使观赏价值下降，而小盆栽最大的特点是病虫害少，护理简单，所以赶快动手种植一盆吧！

种植帮帮忙

采种：阴香种子成熟期各地不一，海南天然林木，3~4月果实成熟，这时可以进行种子的采集。若觉得麻烦，可直接在网上购买种子。

土壤：阴香适应性很强，土壤稍有肥力都可以生长，一般小盆栽可以使用网上购买的花卉营养土。

温度：阴香主要生长在广西、海南地区，因此如果是我国偏北方地区进行培养的话，最好在夏季进行播种，此时的温度较高，最适宜阴香生长。

水分：阴香喜欢肥沃、疏松、湿润而不积水的土壤环境，自然环境中以中亚热带以南的气候为最好，平时要经常补充水分。

光照：阴香喜欢阳光充足的环境，最好是放在有长时间光照的阳台、庭院中培养。

养护跟我学

1. 阴香种子成熟时果皮呈黑褐色，采回后，堆沤数天，待果肉充分软化后，用冷水浸渍，搓去果皮，用清水冲去果肉，摊开晾干。阴香种子较大，千粒重达150g，播种前可以将种子浸泡1~2天。

2. 在花盆里铺上一层大粒麦饭石，以达到过滤透水的效果，铺好后，再喷洒大量的清水。

3. 在麦饭石上铺一层培养土，将种子一粒粒铺在营养土上，再盖上一层小麦饭石即可。

达人支招

阴香的自播能力很强，母株附近经常可以见到天然苗生长，因此在收集种子的时候，也可以直接采挖幼苗进行移栽。因为阴香适应范围很广，只要在排水好、深厚肥沃的土壤中成活率都很高。

种子观察室

Q 我的阴香都播种一个星期了，怎么还是一点动静都没有呢？

A 一般情况下，经过浸种的阴香播种后一个星期左右即可发芽，出现你这种情况可能有以下几个原因：一、浸种催芽时间过短，一般在2天左右最适宜；二、播种后水分不足，种子发芽期间需要足够的水分，否则就可能影响发芽；三、土壤黏结，排水不畅，造成种子腐烂。

葵花籽，
不败的向阳花

　　说到向日葵，大多数人的印象可能就是大大的花盘，像一顶金黄色的头盔一直跟随着阳光的步伐旋转，然而很少有人去想向日葵在"小时候"会是一种什么样的形象。用葵花籽培育出来的种子盆栽就可以让你一饱眼福，还不赶快动手试一试！

种植帮帮忙

采种：可以去商店购买葵花籽种子或者在葵花花盘背面变成褐色，舌头状花朵干枯脱落时进行采摘。葵花籽宜放在通风干燥的地方保存。

土壤：葵花籽在深厚、保水、保肥、通气良好的土壤中更容易发芽生长，因此最好在花店购买比较肥沃的培养土进行培养。

温度：向日葵属于耐温植物，因此其生长期间的温度控制很重要。向日葵生长最适宜的温度是15~36℃，一般发芽期的温度最好控制在22~30℃。

水分：向日葵比较耐旱，一般在播种时浇透水后，可以等到盆土表面干燥后再浇水，发芽后每天浇1次水即可。

光照：向日葵喜欢阳光，因此在培养期间，最好能充分接受光照，这样更有利于其株形的形成。

养护跟我学

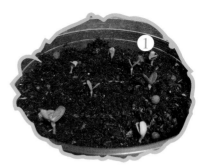

1. 3~4天后，就可以看到少数向日葵幼苗破土而出了。

2. 用25~30℃的水浸泡葵花籽15~16小时，或用50℃的水浸种3~4小时后，将种子捞出摊开，在15~20℃的环境中存放24个小时后，就可以看到部分种皮开口露芽，等到大部分种子吸水萌动后即可播种。

3. 一周之后，葵花籽基本上全部发芽，一簇簇嫩绿的幼苗挤在一起，非常可爱。

达人支招

向日葵属于比较耐旱的作物，在发芽前要多补充水分，发芽后，浇水次数可以减少。若遇连雨或连续高温干旱的天气，可酌情减少或增加浇水量，平时，可适当对叶面喷水。

种子观察室

Q 为什么我的向日葵幼苗的叶子跟别人培养的长得不一样啊？

A 那是因为你选择的向日葵种子跟别人选择的不一样。生活中可以看到各种各样的葵花籽，那么它们的幼苗当然也有差异，只要能获得种植的快乐，不都是一件很美好的事情吗？如果你收集的种子够多的话，可以将不同品种的葵花籽混合种植，那又会是另一种感受哦！

朝天椒，
热情似火
的成长

辣椒拥有一个庞大的家族，朝天椒就是其中一员，其果实簇生于枝端，颜色鲜红，辣味较浓。朝天椒全株可入药，比如其根茎性温、味甘，有祛风散寒、舒筋活络、杀虫、止痒的功效。用朝天椒种子培养的盆栽，幼苗纤细翠绿，与成熟时火红热烈的果实形成对比，很是养眼。

种植帮帮忙

采种：朝天椒的种子可以通过自采和购买两种方法获得。自采种子就是在朝天椒成熟后，找个头大、丰满圆润的辣椒留种，采摘晒干后放到阴凉处保存；如果怕麻烦或者没有机会收集种子的话，在花市或者农资市场一般都能买到现成的品种多样的种子。

土壤：朝天椒对环境适应能力很强，对土壤要求不高，不论是肥沃的还是贫瘠的土壤都能生长，市场上购买的培养土基本上都能满足要求。

温度：朝天椒的生长温度最好保持在白天不高于28℃，夜间不低于15℃，因此在夏季播种是比较好的选择。朝天椒能耐高温，在夏季中午可能会出现叶片枯萎凋谢的现象，不用担心，等温度下降后即可恢复正常。

水分：朝天椒发芽前最好一天喷1次水，充足的水分可以促进种子更快发芽。出苗后则要适当控水，促进根系发育，只要保持土壤不要过于干燥即可。注意浇水时间最好是在早晨，避免中午浇水，傍晚浇水的话就要等到地表温度下降，否则可能会"烤死"幼苗。

光照：朝天椒喜欢阳光充足的环境，能耐半阴，只要不是长期处于阴暗的环境中生长就没有问题。可以完全在室外环境中生长，中午可以进行适当遮阴。

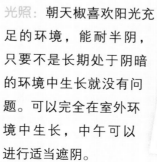

养护跟我学

①

1　将朝天椒种子均匀撒在铺好培养土的花盆中，喷洒清水，5~7天即可发芽。

②

2　在花盆上铺盖保鲜膜可以加快种子发芽的速度，等种子发芽后揭开保鲜膜，将花盆放在向阳的地方，朝天椒就会越来越茂盛了。

③

3　一周后，朝天椒的叶子越来越大，植株也越来越密集。

④

4　每天上午9点30分之前或下午3点30分之后，要让幼苗接受光照，这样就能生长得越来越旺盛。然后放在窗台或阳台上养护即可。

达人支招

① 朝天椒播种后可用喷雾器、细孔花洒将播种基质淋湿，之后当盆土略干时再淋水；要注意浇水的力度不能太大，以免把种子冲起来。

② 朝天椒属于向阳植物，接受充分的光照才会生长得更好，平时，可以每隔一段时间将盆栽放于阳台上接受光照。阴雨天可以放在室内养护，以免雨水过多，影响植株正常生长。

种子观察室

Q 我种的朝天椒盆栽长得非常杂乱，该怎么办呢?

A 因为朝天椒种子比较小，不适合进行点播，只能撒播，所以生长出来就容易显得比较杂乱，如果想幼苗比较整齐的话，可以用间苗的方法达到目的。等朝天椒幼苗出齐后，把有病的、生长不健康的幼苗拔掉，使留下的幼苗相互之间有一定的空间，就能达到好的造型效果，而且对健康苗壮的幼苗也是很有益处的。

扮靓 TIPS

热情洋溢的朝天椒盆栽

材料: 色彩绚丽的树脂花盆、朝天椒幼苗

创意概念: 朝天椒可以观赏的不仅是它幼苗时期小巧、纤细的身姿，它的果实也是一道亮丽的风景线。待朝天椒幼苗长大后可以进行分盆，选购一个色彩绚丽的树脂花盆来种植，一直培育到结果，火红或翠绿的朝天椒直指天空，显得朝气蓬勃、热情似火。

红薯，

不经意间就能得到的小森林

红薯在不同的地域有不同的名字：番薯、地瓜、甘薯等。红薯无论是生食、熟食都是非常美味的食品，它富含蛋白质、淀粉、果胶、纤维素、氨基酸、维生素及多种矿物质，此外，它还具有抗癌、保护心脏、预防肺气肿及糖尿病等功效，所以素来有"长寿食品"的美誉。

种植帮帮忙

采种：平时，我们在超市或者菜市场购买的红薯就可以用来做种子盆栽，你可以根据自己的喜好选择大小、形状合适的红薯。

土壤：用红薯做的种子盆栽有水培和土培两种，相对来说，水培的红薯盆栽比较省时省力、干净卫生；如果是土培的话，选择普通的花卉营养土即可。

温度：红薯在18~30℃之间都可以发芽，温度的高低主要影响的是它发芽时间的长短。夏季温度比较高，因此在夏季进行种植是最合适的。

水分：红薯的生长比较粗放，只要不是特别干燥即可，在养护的过程中，每天补充1次水分就可以满足它的生长需要。

光照：光照对红薯盆栽的主要影响是枝条的颜色会逐渐
加深，因此，如果你不希望红薯枝条的颜色变得太深的
话，可以适当减少光照时间。

养护跟我学

1. 红薯品种多样，红薯盆栽对品种没有
特别的要求，选择已经发芽的红薯最佳。

2. 将已经发芽的红薯放在装好培养土的
容器中，用营养土固定住红薯的根部，在
根部周围喷洒充足的清水。

3. 周围可以放一些鹅卵石作为装饰，不
久之后，红薯的叶子便长大了许多。

4. 半个月之后，红薯长得越来越茂盛
了，可通过修剪、缠绕进行造型。

达人支招

① 无论是土培还是水培，都不要将红薯全部盖住，尽量让红薯的嫩芽都露在外面，这样红薯可以更好地发芽，同时，红薯和嫩芽的配合更具有观赏性。

② 红薯的藤还可以剪下来进行扦插，就能得到更多的红薯盆栽哦！

种子观察室

Q 我的红薯有好几个地方都萌芽了，应该怎么种呢？

A 红薯的确是比较特殊的种子，全身都可能萌发新芽，有很多人可能会有一个误区，即将红薯每一个芽点切开培育，这样是万万不可的，如果将红薯切开就增加了红薯的肉质与空气的接触面积，容易造成红薯腐烂。正确的做法是：将萌芽最多的部位朝上，红薯下部用土固定即可。由于红薯的萌芽能力很强，所以只要是能跟空气接触的新芽就都可以长大。

扮靓 TIPS

如诗如画的红薯盆栽

材料：红薯、鱼形浅盘、松球、鹅卵石

创意概念：红薯紫红色的茎、绿色的叶子搭配洁白的鱼形浅盘，再点缀几颗鹅卵石，仿佛就像一幅充满诗意的画卷。那肆意生长的红薯苗像极了生长在野外的生命，脆弱却生生不息，困惑的时候，这些最简单的生命成长会带给我们一些积极向上的力量？

西瓜，
炎炎夏日下的
清凉一角

　　一到夏天，我们生活中必不可少的一种水果一定是西瓜，它堪称"盛夏之王"，具有清爽解渴的功效，且味道甘爽多汁。西瓜含有大量的葡萄糖、苹果酸、果糖、蛋白氨基酸、番茄素及丰富的维生素C等物质，是一种富含营养且纯净、安全的食品。

种植帮帮忙

采种：西瓜是我们生活中常见的消暑水果之一，夏天的时候很容易买到各种品种的西瓜，你只需要购买种子比较丰富的西瓜，食用后将种子留下来即可。

土壤：西瓜喜欢通气性良好、疏松肥沃、土层深厚的沙壤土，这种土壤利于植株根系向纵深发展。西瓜对土壤酸碱度的适应性较强，其中以中性土壤最为适宜。可以将购买的营养土与细沙按照2∶1的比例混合，作为西瓜幼苗的培养土。

温度：西瓜是喜温性作物，耐炎热，怕低温，在整个生长过程中，都要求有较高的温度。其最适宜的生长温度为18~30℃，平日养护不能低于12℃。

水分：西瓜根系发达，吸水能力强。平时补充水分时只需要向幼苗根部喷水即可，一天喷1次。注意不要使土壤发生板结，否则会影响土壤的透气性，危害幼苗的生长。

光照：西瓜为喜光作物，在光照充足的条件下，植株能生长得更好，表现为茎粗、节短、叶肥厚、色浓绿。因此在平时的养护中，应尽量将它摆放在光照充足的地方。

养护跟我学

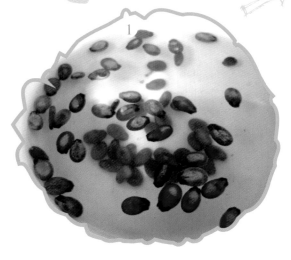

2. 播种一周后即可看到种子发芽，注意补充水分，使其接受充分光照。

1. 西瓜的种子很小，比较容易萌芽，可以根据实际情况决定是否进行浸种催芽。在泡水的时候，可以将漂在上面的种子筛选掉。

3. 3~5天后，西瓜的幼苗越长越大了，那嫩绿的模样非常可爱。

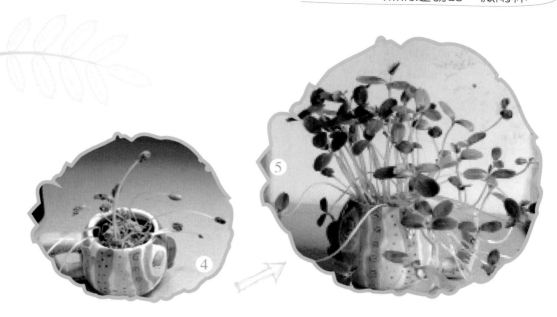

4. 　　在温度适宜的情况下，西瓜幼苗的长速很快，几乎每天都有新变化。

5. 　　西瓜的幼苗长得非常茂盛了，若觉得株形不够美观，可适当地进行修剪。

达人支招

① 有的西瓜品种在发芽之后根茎生长得比较快，叶片却生长得比较慢。

② 西瓜种子在15~16℃时开始发芽，其发芽最适宜的温度为28~30℃，40℃以上极少发芽，因此温度的控制对种子发芽率有很大的影响。如果选择浸种催芽，可用55℃的温水浸种消毒，不断搅拌至水温降至30℃左右。浸泡4小时后，清洗种子，然后用湿毛巾包紧置于30℃左右环境下催芽即可。

③ 西瓜对环境的适应能力很强，对水分要求并不高，所以，在西瓜种植期间可以坚持 "宁干勿湿" 的浇水原则，同时保证充足的光照，但是要防止幼苗因高温徒长，影响美观。

种子观察室

Q 用凉水浸泡西瓜种子可以促使它发芽吗？

A 可以的，用温水浸种的目的是加快种子萌芽的速度，如果温度过高的话，可能会损伤种子，如果不能控制好温度的话，可以直接采用冷水浸种，延长浸泡时间即可。理论上来说，所有的种子都是可以进行浸种催芽的，不同的是浸种的水温和时间长短而已。这些又会因为地域和季节的不同而有所差异。

黄花梨，
十年树木典范

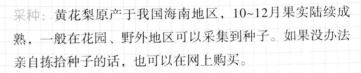

黄花梨又名降香，是濒危树种、国家二级重点保护野生植物。如果就此认定这种名贵的物种其成活率并不高，那就错了！它对气候和土壤要求不高，只要温度适宜，即使在北方，也能通过种子撒播培育成拥有迷你森林般观感的漂亮盆栽哦！

种植帮帮忙

采种：黄花梨原产于我国海南地区，10~12月果实陆续成熟，一般在花园、野外地区可以采集到种子。如果没办法亲自拣拾种子的话，也可以在网上购买。

土壤：黄花梨对生长条件要求不严，野生环境多为陡坡、山脊、岩石裸露、干旱瘦瘠地，最适宜在褐色砖红壤和赤红壤中生长。

温度：黄花梨属于热带、亚热带植物树种，最好是年平均温度在23~25℃之间，能忍受的极端最低温为6.6℃，温度过低时叶片会枯黄，但是萌芽后又能恢复生长。

水分：黄花梨分布的地区雨量分配极不均匀，因此日常培养中每隔一天补充1次清水即可。

光照：黄花梨为阳性树种，在过分荫蔽的环境中，植株长势会日渐衰弱，平时要经常让它接受光照。

养护跟我学

2. 将种子一粒粒排列在花盆中，可以摆放得稍微密集一些，然后轻轻撒上一层培养土，不要太厚。

1. 将采集的种子采摘、晒干、揉碎果皮、取出种子。播前用清水浸泡24小时，待外边的一层荚壳变软后，小心剥开，取出最里边的种子，再浸泡2~3天即可播种。

3. 一周以后，就可以看到黄花梨幼苗破土而出了，全部发芽大约需要10天时间。

达人支招

当黄花梨长出真叶时可以将它移到营养袋或者更大的容器中进行培养。1年生的黄花梨树苗就可以移栽到庭院了，栽种地最好选在海拔500米以下的山地阳坡或半阳坡，这样树苗更容易成活。

种子观察室

Q 我种的黄花梨叶子全部都掉了，就剩几根杆儿了，怎么办？

A 这是正常现象，不用过于担心。天然环境中生长的黄花梨树苗大多生长较慢，人工栽培的则生长较快。黄花梨一般会每年换叶1次，特别干旱时则叶片全落，就会出现你说的落叶的现象，这时，你只需要将其放在通风良好的地方养护，等待其重新长叶即可。

小叶紫檀，
香气芬芳的
万古不朽之木

　　"檀"在梵语中是布施的意思，小叶紫檀树因其木质坚硬，香气芬芳永恒，色彩绚丽多变且百毒不侵，万古不朽，又能避邪，故又称圣檀。所以人们把它当做吉祥物，以保平安。那这么名贵的树种小时候是什么样子呢？

种植帮帮忙

采种：小叶紫檀的种子比较难捡到，所以最好的方式是在网上购买现成的种子。

土壤：最好是疏松、肥沃、富含有机质和钙质的土壤；只要是不带病虫、无污染的培养材料，如腐叶土、泥炭土、砂石类、骨粉等材料均可使用。

温度：小叶紫檀幼苗耐热不耐寒，生长适宜温度为24~30℃，若温度过高或者过低，都可能使植株进入休眠状态甚至死亡。

水分：小叶紫檀生长期间以盆土湿润为宜，但是又不能形成积水，可每隔2~3天浇水1次，随着气温增高，可1~2天浇水1次。

光照：植株发芽前，可以进行适当的遮阴，这样有利于发芽；萌芽后就可以让植株充分地接受光照了。

养护跟我学

2

小叶紫檀叶子小巧可爱，可以选择口径较小的中型容器。将泡好的种子均匀地撒在细土上，覆盖1厘米左右的营养土，再在上面盖上一层细麦饭石。

3

播好后在上面喷洒清水，使土壤完全湿润，然后用保鲜膜包住花盆，可以防止水分蒸发过快，如果环境温度保持在25℃左右，大约15天即可出苗，出苗后去掉保鲜膜，将花盆放在阳光充足的地方养护一周的时间。

1

播前最好用35℃左右的温水将小叶紫檀种子浸泡48小时，使种子充分吸收水分，这样可以大大缩短发芽的时间。

4

约半个月后，小叶紫檀就长得比较茂盛了，护理也非常简单，经常补充清水即可。

达人支招

① 若生长环境温度适宜，则生长得更快，因此最好选择在夏季温度较高的时候进行播种。

② 放置种子时，要将发芽的部位朝上，这样更容易促进种子发芽。

③ 小叶紫檀的嫩芽非常脆弱，不要经常用手去触碰，浇水时要用喷雾式洒水器，以免冲坏嫩芽。

种子观察室

Q 我种的小叶紫檀放在阳台上，几天没见，叶子就变黄了，怎么办？

A 这有多方面的原因。首先，可能是光照过强，将花盆移到阴凉的地方放置几天即可；其次，可能是水分不足，出苗后，一定要至少每隔一天喷洒1次清水，否则就可能直接导致叶子变黄；最后，可能是土壤肥力下降，可以喷洒一些增加土壤肥力的液体肥，就能改善这种状况。

豌豆，

可以吃的"绿森林"

豌豆作为古老的作物之一，其种植可追溯到新石器时代；今天，我们的生活中依然可以经常看到它的身影。豌豆荚和豆苗的嫩叶中富含能分解体内亚硝胺的酶，具有抗癌防癌的作用；豌豆中所含有的止权酸和植物凝素等物质，则具有抗菌消炎及增强新陈代谢的功效。因此，培养一盆豌豆盆栽，既可以欣赏风景，又能获得绿色蔬菜，何乐而不为呢？

种植帮帮忙

采种：豌豆种子可以从市场上购买，也可以用上一年种的豌豆进行留种。如果在超市购买的话最好选择当年生的豌豆。豌豆的果期在4~5月，可以即采即播。

土壤：豌豆生长比较粗放，对土壤要求并不是很高，用购买的营养土或者普通的花园土均可。也可以加入一些沙土提高土壤的透水性。

温度：豌豆适合在湿润的环境中生长，其耐寒，不耐热，幼苗能耐5℃低温，生长的适宜温度为18~25℃，夏季高温期可以通过遮阴、喷洒凉水来降温。

水分：豌豆根可以扎得很深，稍耐旱但是不耐湿，若幼苗排水不畅就容易导致烂根，因此在养护的过程中不可频繁浇水，每隔2~3天浇1次透水即可。

光照：豌豆是长日照植物，发芽前可进行适当遮阴促发芽，发芽后可以将其放在光照充分的地方，接受阳光的洗礼。

养护跟我学

1 将豌豆用水泡24个小时，以加快种子发芽的速度。

2 将浸泡好的豌豆均匀地撒在培养土上，盖上一层薄薄的培养土，浇透水。温度保持在25℃左右，7~10天后豌豆就发芽了。

3 豌豆芽越长越大，叶子也越来越多。注意水分的补充，保持土壤湿润即可。

4 豌豆芽长到15厘米左右的时候，就可以摘下来做菜、烧汤了。

达人支招

① 豌豆苗又叫龙须菜、龙须豆苗等，其口味清香，营养丰富，食用部分主要是幼嫩的茎叶和嫩梢。豌豆苗无论荤炒、清炒、做汤、涮火锅都是不错的选择。

② 豌豆苗越长越高后，可能会出现倒伏的现象，最好用一根小棍作为支撑，以保证植株的生长。

种子观察室

Q 我的豌豆苗盆栽怎么看起来长得参差不齐的呢？

A 可能是你的种子纯度不够。豌豆的纯度对豌豆苗的生长质量至关重要，因为纯度不够的话，生长速度会不一样，从而导致豌豆苗高矮不一，显得参差不齐，严重影响盆栽的美感。要避免这种情况就要在选种时把好关，用水选法将那些干瘪的种子筛选出来。

扮靓 TIPS

清新翠绿的豌豆苗盆栽

材料：花坛形花盆、豌豆苗

创意概念：花坛形的小花盆庄重、素净，搭配郁郁葱葱的豌豆苗，能给人一种既可以上得厅堂又能下得厨房的美感。欣赏之余，豌豆苗还是一道美味的健康芽菜，这也是植物扮靓生活的另一种特殊方式。

土豆，
享受变废为宝的快乐

土豆又被人们称为马铃薯，是中国五大主食之一，其营养价值高、适应力强、产量大，是全球第三大重要的粮食作物，仅次于小麦和玉米。其幼芽有轻微毒性，但是如果发现家里的土豆发芽了，不要急着扔掉，利用它做一盆绿色盆栽吧。

种植帮帮忙

采种：土豆的种植与红薯有些类似，都是将块茎作为种子来进行种植。土豆一年四季都可以买到，只要是发芽的土豆都可以用来做盆栽。

土壤：土豆盆栽既可以用水作为营养的来源，也可以进行土培，购买营养土或者普通的花园土均可。

温度：土豆喜欢温暖的气候，但也能耐低温，生长温度保持在10~30℃均可，但是以15~25℃生长最为适宜；温度低，土豆生长缓慢，反之，生长速度加快。

水分：土豆生长期间要给予其充分的水，虽然其块茎本身就可以为植株的发芽和生长提供一部分水分，但还是要防止其因为缺水而使生长受阻。

光照：土豆是喜光作物，在生长期间要尽量让它充分接受光照，光照充足时它就会呈现出枝叶繁茂、生长健壮的状态。

养护跟我学

1. 　　将已经萌芽的土豆放在土壤上面，周围用麦饭石固定好。然后加入清水浸透土豆底下的麦饭石。

2. 　　3~5天后，土豆的嫩芽冒出地面了，注意及时补充水分。

3. 　　一周之后，土豆的叶子越长越大，若温度适宜，不久就能看到星星点点的白色花苞。

达人支招

① 土豆也可以进行水培，但是要注意不要让水淹没土豆，否则可能影响其发芽。

② 若采用土壤培养的话，可以将土豆切块，将每一个胚芽作为一个种子来种植，可以获得更多的盆栽。

盆栽观察室

Q 我将土豆放在装了土的花盆里，为什么都烂掉了？

A 土豆的生长环境很粗放，如果养护问题不是很大的话，一般不会出现腐烂的情况。可能是你在种植的时候，土豆就已经腐烂，或者后期浇水过多导致土豆块茎腐烂。

秋之意：

随风摇曳的 "小绿伞"

火龙果，
绿色"心意"
一样可人

火龙果营养丰富，含有一般植物少有的植物性白蛋白及花青素，它集水果、花蕾、蔬菜、医药等特性于一身，且生命力十分顽强，很少遭遇病虫害，几乎不使用任何农药，就可以正常生长。火龙果种子盆栽往往通过过滤果肉中的种子，进行培养、造型，让你在享用完美味营养的果肉后，能够获得附加的DIY乐趣和视觉上的享受。

种植帮帮忙

采种： 火龙果的种子可通过取成熟的火龙果过滤其果肉获得。挑选火龙果时，应尽量选软硬适中的果实，这样的果实比较新鲜、成熟度高，是制作种子盆栽的首选。

温度： 火龙果属于热带植物，对温度的适应性较强，生长温度维持在20~30℃即可，秋末冬初的时候，可将其移到室内，或者用保鲜膜保温，以延长其观赏时间。

土壤： 要选择颗粒比较幼细的培养土，也可以用市售的播种土代替。火龙果可适应各种土壤。

水分： 火龙果在温暖湿润的环境下生长迅速，培养过程中应多浇水，使其根系保持旺盛生长的状态；但是要尽量避免容器中积水，否则容易导致幼苗根部腐烂。

光照： 火龙果盆栽适合放在光线充足的地方养护，充足的光照可加速其生长速度，使叶片颜色更鲜亮，看起来也更赏心悦目。

养护跟我学

1 选择一个成熟的火龙果，用小勺将果肉轻轻地挖出备用。

2 将火龙果果肉放入大碗中，加水；用手轻轻揉捏果肉，将种子从果肉中捻开；用清水浸泡果肉24小时。

3 将浸泡了一天的火龙果果肉和种子放入纱布袋中过滤，并轻轻揉搓。

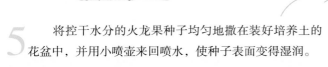

4 用滤网将与果肉完全分离的种子上的水分控干。

5 将控干水分的火龙果种子均匀地撒在装好培养土的花盆中，并用小喷壶来回喷水，使种子表面变得湿润。

6 将花盆放在阳光充足的地方；每隔两天用喷壶喷1次水，以保持土壤和种子的湿润，5~7天，种子就发芽了。

7 一周后，叶片就长出来了，让火龙果盆栽充分接受阳光的照射；3~4周后，小盆栽就可以长得很茂盛了。

达人支招

① 在播撒火龙果种子时，可以尽量撒得密一些，尤其是花盆边缘部分，不要漏过，否则长出来的幼苗稀稀松松的，影响美感。

② 如果选择没有透水孔的花盆，如喝茶的杯子，这时就要避免用水壶直接浇水，以免浇水过量，多余的水分不能顺利排出，从而影响种子的正常生长。待种子完全发芽后，每隔2~3天用小喷壶喷水1次就可以了。

扮靓 TIPS

爱心满满的火龙果盆栽

材料： 心形饼干模、火龙果幼苗

创意概念： 火龙果的种子很小，1次就可以获得很多，随着植株的逐渐成熟，又有些多肉植物的感觉，所以是非常容易造型的。厨房中闲置的心形饼干模，就非常适合用来种植火龙果幼苗，制作出的心形造型可爱度满分，让人爱不释手。

种子观察室

Q 我的火龙果种子都一周了还没发芽，怎么回事？

A 如果温度维持在25℃左右的条件下，超过一周还没有发芽就可能是种子发霉了。最主要的原因还是种子上面的果肉没有完全清洗干净，在过滤果肉的时候，一定要多清洗几次，将附着在种子上的果肉和胶质清除干净，否则种子发芽时就容易长霉菌。

玉米，

挺拔向上的绿色丛林

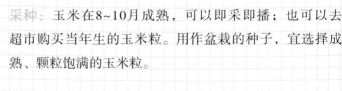

玉米是我国第一大粮食作物，也是全世界总产量最高的粮食作物；它不仅是"饲料之王"，还是粮食作物中用途最广、可开发产品最多、用量最大的工业原料。值得一提的是，这样一种简单的农作物，经过精心培育，也可以成为你案头的一道风景呢！

种植帮帮忙

采种：玉米在8~10月成熟，可以即采即播；也可以去超市购买当年生的玉米粒。用作盆栽的种子，宜选择成熟、颗粒饱满的玉米粒。

土壤：众所周知，玉米是一种生命力很顽强的农作物，它在壤土、黏土中均可生长。

温度：玉米喜温，种子发芽最适宜的温度为25~30℃，夏、秋季播种均可。

水分：玉米生长期较短，生长期内要保持环境的温暖及湿润。平时，可通过向玉米叶面和根部喷水来补充水分。

光照：玉米属于喜光作物，因此平时最好将其放在朝阳的阳台或窗前养护。

养护跟我学

1

玉米刚发芽的时候，叶子是卷曲的，但不久后，就会慢慢地伸展开来，若排列整齐的话，很是壮观。通常，可以选择方形的小型容器打造玉米盆栽。

2

用35℃左右的温水将玉米种子浸泡24小时；待种子吸水膨大后，用湿毛巾将其包紧催芽；一天后，即可看到玉米的芽点。

3

用清水浇透容器中的培养土；将种子芽尖向上平放在培养土上，并盖上一层细麦饭石；出苗期间，宜将环境温度控制在25～30℃。

4

5～7天后，幼苗就开始长叶了。若生长条件适宜，不久就能生长得很茂盛。

达人支招

如果觉得玉米盆栽土培太麻烦的话，也可以进行水培，可以在容器中铺一层麦饭石，加入适量清水（以浸没麦饭石为准），然后将玉米种子放入，发芽前每天换水，等完全发芽后就不用了。

种子观察室

Q 玉米的种类很多，可以将不同品种的玉米混合栽培吗？

A 当然可以。从颜色上来分的话，玉米可以分为黄玉米、白玉米、黑玉米等等，不过在幼苗期，它们的形态似乎区别不大，但可以尝试种植。

柚子，
青翠欲滴的
小小伞兵

进入秋季后，市场上备受青睐的水果当然就是柚子了。剥开它薄薄的外皮，就会看到那多汁、饱满的果肉，粒粒菱形的果肉晶莹剔透，赏心悦目。入口一尝，脆嫩无渣，柔软多汁，甜酸适度，清香满口，沁人心脾，真是味觉的极大享受。吃完美味的水果后，不要忘了收集柚子的种子，为自己培养一批青翠欲滴的"小伞兵"哦！

种植帮帮忙

采种：粗心的人对柚子的种子可能并没有什么特别的印象，它的种子就排列在果肉里面，接近外面一层皮的开口位置。注意柚子的种子不宜存放太久，否则会影响发芽率。

土壤：柚子喜欢温暖、潮湿的生长环境，因此土壤的湿度对盆栽的生长起着很重要的作用。将购买的营养土与沙土以3：1的比例混合，在保证营养的前提下，又增强了土壤的透气、透水性能。

温度：柚子对温度的适应性比较强，平时只要将环境温度保持在15~25℃左右，植株便能健康生长。高温时避免暴晒，可以降低叶片枯黄的概率。

水分：柚子盆栽对水分的要求比较高，种子发芽前，最好每天喷洒清水，以保证土壤湿润，否则会延长植株发芽的时间；发芽后，可以适当降低浇水的频率，每隔2~3天浇1次即可。足够的水分补给可以使柚子的叶片长得更加嫩绿。

光照：柚子属于喜光植物，只要在种子发芽前进行适当遮阴，如用报纸、黑色塑料袋包裹花盆等，等发芽之后就可以将其放在阳光充足的地方培养了，充足的阳光可以促进柚子盆栽叶片的光合作用。

养护跟我学

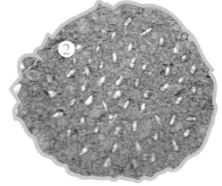

1. 将收集好的柚子种子放在清水中浸泡2~3天。

2. 在容器底部撒上粗沙，以起到隔水的作用；再放入培养土。将浸泡好的种子以直立式插入土中，皱摺的那头朝下，扁平的那头朝上。

3. 一周左右，就可以看到少许柚子的嫩芽冒出来。

4. 3~5天后，柚子长得越来越密集，只是还比较矮小。

5. 半个月后，柚子苗越长越大，小盆栽变得郁郁葱葱的了。

达人支招

① 柚子种子的表皮比较坚硬，浸泡的时间较长，在浸泡种子的过程中，要每天换水，保持水体清洁。

② 因为柚子种子的形状看起来都是瘪瘪的，所以在辨别种子的过程中，可以用手掂一下种子，如果能感觉到一些重量，基本上就是正常的种子了。

种子观察室

Q 我的柚子盆栽叶子挺好看的，可为啥看起来是歪的？

A 对植物有些了解的人都知道，大多数植株都有一个特性，就是向阳性，柚子盆栽出现歪斜的现象，可能是你的柚子盆栽总是只有一个方向能接受到阳光的直射，导致相对方向的柚子幼苗向有阳光的地方生长。想要解决这个问题，你只需要在养护过程中养成转盆的习惯即可。转盆，顾名思义，就是每隔一段时间将花盆旋转一下，使盆栽能均匀地接受阳光的照射。在柚子生长期间，让植株接受充分的光照对生长是很有益处的。

扮靓 TIPS

大秀小清新的柚子盆栽

材料：白色做旧款搪瓷花盆、柚子苗、麦饭石

创意概念：柚子苗的叶片圆润翠绿，搭配白色做旧款搪瓷花盆，同时在植株根部铺上一层麦饭石，可以给人一种珠圆玉润、清新饱满的感觉，放在桌台、案头是最好不过的选择了。

香樟，
秋日里的异香阵阵

　　香樟最为人们所熟知的地方在于它那顽强的生命力和特殊的香味。香樟全身都是宝：根、枝、叶都可提取樟脑和樟油，而樟脑和樟油可应用于医药及香料领域；果核含脂肪，含油量达40％；根、果、枝和叶可入药，有祛风散寒和杀虫的功效。在公园、野外，经常可以见到香樟的身影，只要留心，很容易就能得到它的种子。

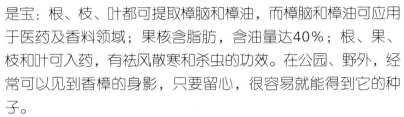

种植帮帮忙

采种：在很多公园里都可以看到香樟树的身影。香樟树的种子一般在10~12月成熟，采集好种子之后就可以进行播种。

土壤：香樟是一种生命力很强的树种，在大多数土壤环境中均可生存，它尤其喜欢湿润肥沃、土层深厚的酸性土壤。

温度：香樟对温度的适应性很强，冬季低温期和夏季高温期，它都可以正常生长。

水分：发芽之前，要给予盆栽充足的水分，以促进发芽；因为香樟叶子的蜡质层有防止水分蒸发的作用，所以种子发芽后，可适当降低浇水的频率。

光照：香樟对光照不敏感，在发芽期和幼苗期都可以接受适当的光照，光合作用越强烈，叶子越亮。

养护跟我学

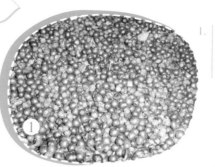

1. 将香樟的种子置于温水中浸泡2~3天，期间每天换水，直到种子充分软化。

2. 在容器内装好培养土，将种子一粒粒放在土壤上，然后盖上一层陶粒。5~7天就能发芽。

3. 香樟苗越来越多，叶子也变得越来越尖，平时可以向叶面喷洒一些清水。

4. 约一周之后，香樟树的小苗更高了，这时可将其摆放在办公桌或向阳的阳台上养护。

达人支招

① 香樟树萌芽力强，生长速度快，耐修剪；野生香樟树还有吸烟滞尘、涵养水源、固土防沙和美化环境的作用。因此居家种植一盆香樟盆栽，相当于在家里安放了一个空气净化器呢。

② 如果香樟苗长到一定的程度，小花盆的土壤已经无法满足其生长需要的时候，可以考虑将生长比较苗壮的香樟苗移栽到大一些的花盆或者更开阔的地方进行培养，就可以长成一棵漂亮的樟树。

种子观察室

Q 我家的香樟盆栽越来越大，怎样将其中的一棵移栽到大花盆中呢？

A 首先，移栽最好在春季或秋季进行，这时的温度不高不低，可以给幼苗充足的时间来与周围的土壤融合生长；其次就是移栽时动作要轻，尽量不要伤害幼苗的根部，否则就会导致幼苗死亡；最后，在香樟苗移栽后要浇上足够的水，只有足够的水分才能保证幼苗在新的土壤环境中顺利成活。

扮靓 TIPS

活力满分的香樟树盆栽

材料：木栅栏花盆、白色小石子、香樟树苗

创意概念：香樟树四季常青，就算是枯黄掉落的叶子也能让人感受到一种生命的张力，那些新生的叶片则是更好的生活点缀。尖尖略带锯齿的叶片，就像精彩的生命中一定会有的坎坷与险阻，但是这丝毫不能阻挡我们前行的脚步。将香樟树苗用木栅栏花盆种植起来，再装饰一些白色小石子，摆放在书桌上，一定会给人眼前一亮的感觉。

满天星，
清香四溢的温馨绿植

满天星原产于地中海沿岸，非常适合盆栽观赏和盆景制作。它初夏开花，花朵如豆，每朵5瓣，略有微香。盛花期，点点花朵繁盛细致，分布匀称，犹如繁星，清丽可爱。在家里种上一盆，微风吹过，清香四溢，更显温馨。

种植帮帮忙

采种：满天星的花期在夏季，花期结束后就可以采集种子进行种植了，最好是夏末秋初播种。满天星的种子非常细小，不容易发现，要细心寻找。

土壤：满天星对土壤要求不高，一般疏松、富含有机质、含水量适中的土壤即可。可以去花市购买已经调配好的土壤。

温度：满天星喜温暖、湿润的生长环境,有耐阴、耐寒、耐旱的特点，其最适宜的生长温度为15~25℃。也可以放在室外养护。

水分：若水含量不充足，易导致根茎徒长，且只长根茎不开花；若排水不畅，易导致根部腐烂。

光照：满天星适合在阳光充足的环境中生长。最好每隔一段时间将花盆放到室外接受阳光的照射。

养护跟我学

1 满天星的种子很细小，表皮也比较薄，如果浸种的话，可以加速种子发芽，不浸种也可以。

2 将种子均匀播撒在培养土上，5~7天即可发芽。

3 一周后，满天星基本上全部发芽了，新生的满天星苗非常纤弱，浇水时力度不可以太大。

4 将花盆搬到向阳的位置，花苗就都向着阳光的方向生长了。若想株形漂亮，就要及时转盆。

5 半个月后，满天星就长得像小森林一样茂盛了。

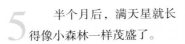

达人支招

① 满天星的种子很小，如果对造型要求不高的话，可以将种子与培养土混合撒在花盆中。这样做的缺点是，长出来的幼苗比较杂乱。在满天星生长后期，需进行间苗和修剪，以降低植株的生长密度。

② 当满天星植株高度达20厘米以上时，浇水量要酌量减少，稍干旱能促进开花，尤其开花后排水不良或长期淋雨，根部易腐烂。

③ 满天星与其他草花一样，对肥水要求较多，要遵循"淡肥勤施、量少次多、营养齐全"和"间干间湿，干要干透，不干不浇，浇就浇透"的施肥和浇水原则。

种子观察室

Q 我收集到一些满天星种子，要怎么保存比较好呢？

A 先把种子放在阳光下暴晒，然后拿回室内放置一个小时左右，待种子的温度降至常温后，再用报纸将其包好，放在密封袋中保存。如果有条件的话，可在密封袋里放些干燥剂，效果更佳。满天星种子最好是即采即播，这样发芽率比较高。

扮靓 TIPS

带来圣洁姻缘的满天星

材料： 蕾丝花瓶、满天星切花

创意概念： 雪白蓬松的满天星花朵极为细小·而轻盈，在花艺上常被当成配角，与玫瑰搭配成新娘的经典捧花。其实满天星也可以做主角，待满天星盆栽开花后，便将花梗切下，扎成一束，放入蕾丝花瓶中，相信你定会被它那洁白无瑕的气质所吸引。

栾树，
茂密秀丽的
"灯笼树"

栾树在中国只分布在黄河流域和长江流域下游，在海河流域以北很少见，很难生长在硅基酸性的红土地区。栾树春季发芽较晚，秋季落叶早，每年的生长期较短，且生长缓慢，树形扭曲美观，不太成材，木材只能用于制造一些小器具，种子可以榨制工业用油，它的果实紫红，形似灯笼，十分美丽。

种植帮帮忙

采种： 栾树是一种常见的庭荫树、行道树及园景树，果实在9～10月间成熟，因此，我们平时在散步、游玩的时候都可以留意一下，将种子收集起来。

温度： 栾树属于喜阳植物，对温度的适应性较强，生长温度维持在20~30℃即可，秋末冬初的时候，可将其移到室内，或者用塑料袋包裹进行保温。

土壤： 最好选择颗粒比较幼细的培养土，也可以用市售的播种土代替。栾树对土壤的适应性比较强。

水分： 栾树最适合在温暖、湿润的环境中生长，在发芽前可以多浇水，使其种子更快萌发；但要避免容器中积水过多，以免造成幼苗根部腐烂。

光照： 栾树发芽后可以放在光线充足的地方养护，充足的光照可加速其生长速度，使叶片颜色更加鲜亮，看起来更有绿色盆景的感觉。

养护跟我学

1 选择颗粒饱满、无病虫害的栾树种子，放在25℃的温水中浸泡3~5天，每天换水，直到种子的芽口泛白，就可以播种了。

1

2 在容器中铺一层粗麦饭石，可以起到隔水透气的作用。铺好后，喷上清水，直到麦饭石湿透。

3 在麦饭石上铺上调配好的培养土，注意不要有结块，如果土壤太干燥的话，可以喷洒少量清水。

4 将浸泡好了的栾树种子一粒粒摆放在平整的土壤上。

5 最后再盖上一层薄薄的营养土，喷洒大量清水。如果用保鲜膜包住容器，可以加快发芽的速度。

6 将容器放在阳光充足的地方；每隔两天用喷壶喷1次水，以保持土壤和种子的湿润。一周后，栾树就发芽了。

达人支招

① 将栾树的果实采集来后，去掉果皮、果梗，应及时晾晒或摊开阴干，待蒴果开裂后，敲打脱粒，然后用筛选法净种，筛选出健康、饱满的种子。一般黑色、呈圆球形且直径为0.6厘米的种子最好，发芽率60%～80%。

② 栾树种子的种皮很坚硬，不易透水，如不经过严格的浸种催芽管理，第二年春天播种的话，常不发芽或发芽率很低。所以，最好是秋季播种，让种子在土壤中完成催芽阶段，可省去种子贮藏、催芽等工序。经过寒冬后，第二年春天，幼苗出土早而整齐，且生长健壮。

扮靓 TIPS

安宁静谧的 栾树盆栽

材料：圆形素雅陶瓷盆、栾树幼苗

创意概念：素雅的陶瓷花盆可以将栾树的身姿衬托得更加挺拔，而栾树棱角分明的叶子又与圆形的容器形成鲜明的对比，放置在具有简约现代风格的客厅或书房里，能很好地烘托出家居的宁静氛围。

种子观察室

Q 我的栾树种子一直没发芽，好像发霉了，怎么办？

A 不知道你有没有进行浸种催芽，如果没有的话，发芽时间就会延长很多，甚至种子直接霉掉。还有可能就是水分过多，种子无法呼吸，导致种子发霉，所以，你可以小心地将土壤拨开，看看种子是否完好，如果已经瘪了，就可能已经发霉坏掉了。

苜蓿，
象征幸运的三叶草

　　苜蓿是苜蓿属植物的通称，俗称金花菜，其营养价值很高，具有清脾胃、利大小肠、下膀胱结石的功效。与苜蓿很相近的一种植物是白花车轴草，就是人们常说的幸运草，但就观赏效果来说，苜蓿丝毫不逊色于它，所以快快行动起来，为自己种下一盆"幸运草"吧！

种植帮帮忙

采种：苜蓿是一种野生草本植物，也是重要的牧草之一，通常可在花园中采集种子，也可以去花店购买。

土壤：苜蓿很耐贫瘠，只要土壤中含有一定的养分，就可以满足其生长需要。

温度：苜蓿在自然环境中是不能安全越冬的；如果在有暖气的环境中培养，或者对其采取一定的保温措施，则可以安全越冬。

水分：苜蓿对水分的需求量很大，所以在其发芽期间和生长期，要注意水分的补充。

光照：充足的光照可使苜蓿叶子更有光泽，因此，最好将盆栽放在朝阳的地方养护。

养护跟我学

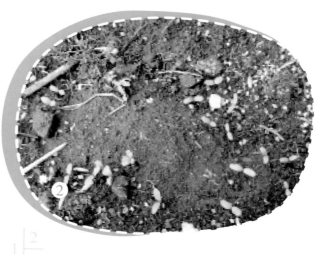

1. 　　苜蓿的种子可以通过浸种催芽，用30℃左右的温水浸种一天即可，也可以直接播种。

2. 　　将种子均匀地撒在培养土上，并覆盖一层薄土；然后用小水壶喷洒适量清水，可覆上保鲜膜。

3. 　　5~7天后，就可以看到苜蓿的绿芽从土壤中钻出来了。

达人支招

　　① 如果去花店购买种子，一定要选择净度90％以上、发芽率85％以上、纯度98％以上的品种。

　　② 苜蓿有很多不同的品种，它既是一种牧草，也可以作为食物。夏、秋季采收后，将其洗净晒干做成菜，也是一道美味。

盆栽观察室

Q 如果将细沙和苜蓿种子混合播种，比例为多少比较合适？

A 这个比例可以自己掌握，只要播种起来方便，又容易控制播种密度就行。若想得到漂亮的盆栽造形，不妨多撒一些种子。

栀子花，
永恒的守候和喜悦

　　栀子花枝叶繁茂，叶色四季常绿，花芳香素雅，为重要的庭院观赏植物。除观赏外，其花、果实、叶和根可入药，有泻火除烦、清热利尿、凉血解毒之功效。其花语是"永恒的爱，一生守候和喜悦"。

种植帮帮忙

采种：栀子花是我国长江以南地区常见的一种观赏花，花期在3~7月，果期在5月至翌年2月，花朵凋谢后就可以采集果实了。

土壤：栀子花是酸性土壤的指示植物，故土壤的微酸性环境，是决定栀子花生长好坏的关键。培养土应用微酸的沙壤红土七成与腐叶质三成混合而成。将土壤pH控制在4.0~6.5为宜。

温度：栀子花的最佳生长温度为16~18℃。温度过高对其生长极为不利，故夏季宜将栀子花放在通风良好的阴棚下养护。冬季可放在不低于0℃的环境中养护，让其休眠，若温度过高会影响来年开花。

水分：栀子花喜空气湿润，生长期要适量增加浇水频率。通常盆土发白即可浇水，且1次浇透。夏季燥热，每天须向叶面喷雾2~3次，以增加空气湿度，帮助植株降温。但花现蕾后，浇水不宜过多，以免造成落蕾。冬季浇水以偏干为好，防止水大烂根。

光照：栀子花忌强光暴晒，适宜在稍微荫蔽的环境下生长，光照过强会影响植株的正常生长。

养护跟我学

1. 栀子花的种子在种球里面，需要将种球晒干后取出种子。

2. 将栀子花种子用清水浸泡2~3天，每天换水。然后在容器底部撒上粗麦饭石，以起到隔水的作用。

3. 再放入培养土。培养土加到离杯口1~2厘米左右的地方即可。

4. 将浸泡好的种子一粒粒放入土壤中，喷洒一遍清水。

5. 半个月后，栀子花就发芽并开始长叶了，注意每天浇水。

达人支招

栀子花是喜肥的植物，为了满足其生长期对肥的需求，又能保持土壤的微酸性环境，可事先将硫酸亚铁拌入肥液中发酵。进入生长旺季后，可每半个月追肥1次，施肥时最好多兑些水，以防烧花。这样既能满足栀子花对肥料的需求，又能保持土壤环境处于相对平衡的微酸环境，同时又避免了突击补硫酸亚铁，局部过酸对栀子花造成一定的伤害。

种子观察室

Q 我放在书桌上的的栀子盆栽叶片都变黄了，怎么回事？

A 栀子花在生长过程中经常会出现叶片发黄的现象，其原因多是由于栽培管理失调引起的。水分过多过少、阳光过强过弱、肥料过多过少都会引起叶片发黄，但发黄的情况不一样，应仔细观察分析原因，加以纠治。你长期放在书桌上，很可能就是光照过弱引起的，可以将它移到阳台观察一段时间。

红豆杉，
名符其实的
"植物大熊猫"

红豆杉属于浅根植物，其主根不明显、侧根发达，是经过了第四纪冰川遗留下来的古老珍贵树种，在地球上已有250万年的历史。1994年红豆杉被我国定为一级珍稀濒危保护植物，同时被世界上42个有红豆杉的国家称为"国宝"，可谓名符其实的"植物大熊猫"。

种植帮帮忙

采种：红豆杉广泛分布在海拔高达900米的山上，上一年形成花苞，第二年5~6月是花期，种子在9~10月成熟。一般来说，采集种子有一些难度，所以最好是在网上购买已经处理好了的红豆杉种子。

土壤：红豆杉原生环境多在山顶多石或瘠薄的土壤上，多呈灌木状。适合在疏松、湿润且排水良好的沙壤土上种植。可以将从花卉店购买的营养土与细沙按照1∶1的比例混合作为培养土。

温度：红豆杉原产地年均气温为2~7℃，性喜凉爽湿润气候，可耐零下30℃以下的低温，抗寒性强，最适宜的生长温度为20~25℃，因此在养护过程中，基本上不用担心越冬的问题。

水分：红豆杉对水分要求不高，喜湿润但怕涝，每隔1~3天补充1次水分即可，夏季温度高的时候需增加喷水的频率，雨季则适当降低浇水的频率，平时向叶片喷洒清水，可以提高叶片的光泽度。

光照：红豆杉属阴性树种，生性耐阴，在密林下亦能生长，但是不易成林，多散生在阴坡或半阴坡的湿润、肥沃的针阔混交林下。在平时的养护中，尽量避免长期暴露在强光下。

养护跟我学

2 取一些种子用温水泡2~3天，直到种子充分软化。用小刀轻轻地剔除种子的表皮，注意不要破坏种子的完整性。

3 在容器中装入适量的营养土，将泡过的红豆杉种子放入土中，盖上约5毫米厚的土，然后将其放到阴凉湿润的地方。

1 选择一个小巧可爱的小木桶作为栽培容器。

4 3~4周之后，就有红豆杉的嫩长出来了。可以将它摆放在客厅、书桌等避免阳光暴晒的地方。

达人支招

② 在浸泡种子的过程中，记得每天换水，否则种子容易腐烂，换水时要去掉种子上的黏液。

② 在播种后用保鲜膜包住容器，可以达到保温、保湿的效果，同时能缩短种子发芽的时间。

种子观察室

Q 我的红豆杉盆栽一直长得不错，可为什么最近一周好像没什么变化了？

A 红豆杉生长本身就是比较缓慢的，随着枝叶越来越多，会呈现生长速度越来越慢的趋势。红豆杉在第一年生长缓慢，一年后生长逐渐加快，三年以上的幼苗每年增高可达20~30厘米。

桂花，
智慧与赞美的
女神之花

罗马人将桂花视为智能、护卫与和平的象征。人们也常常将月桂树与医疗之神阿波罗联想在一起。月桂的拉丁字源"Laudis"意为"赞美"，所以在奥林匹克竞赛中获胜的人，都会受赠一顶月桂编成的头环，而"桂冠诗人"的意象，也正是由这个典故衍生出来的。

种植帮帮忙

采种：桂花果实呈椭圆状球形，熟时呈紫褐色。花期在3~5月，果熟期在6~9月。桂花树很常见，可以自己收集种子，也可以去商店购买。

土壤：桂花宜在土层深厚、排水良好、富含腐殖质的偏酸性沙壤土中生长。桂花不耐瘠薄，在浅薄板结贫瘠的土壤上，生长特别缓慢。

温度：桂花喜温暖环境，生长温度宜维持在20~30℃，秋末冬初的时候，可将其移到室内，或者用保鲜膜保温，以延长其观赏时间。

水分：桂花不耐干旱，因此在培养过程中应多浇水，使其根系保持旺盛生长的状态；但是要尽量避免容器中积水，否则容易导致幼苗根部腐烂。

光照：桂花有一定的耐阴能力。幼苗期需要适当的遮阴，成年后要求有相对充足的光照，才能保证桂花的正常生长。

养护跟我学

1 用25~30℃的温水浸泡桂花种子3~4天，等到种子外皮软化，就可以播种了。

2 在容器中铺一层粗麦饭石，可以起到隔水透气的作用。铺好后，喷上清水，直到麦饭石湿透。

3 在麦饭石上铺上调配好了的培养土，注意不要有结块，如果土壤太干燥的话，可以喷洒少量清水。

4 将浸泡好了的桂花种子一粒粒摆放在平整的土壤上。

5 用保鲜膜包住杯子后，将其放在阳光充足的地方；每隔两天用喷壶喷1次水，以保持土壤和种子的湿润，然后耐心等待种子发芽。

6 将容器放在阳光充足的地方，一周后，就可以看到桂花发芽了。

达人支招

① 如果桂花树冠的一侧贴近墙面，或两棵桂花的树冠相互重叠时，贴近墙面的一侧或交错重叠的那部分树冠很快会变得很稀疏，从而影响整个树冠的形体与美观。可见，桂花宜栽种在通风透光的地方。此外，桂花不耐烟尘危害，受害后往往不能正常生长。

② 桂花害怕淹涝积水，若遇涝渍危害，则根系发黑腐烂，叶片先是叶尖焦枯，随后全叶枯黄脱落，进而导致全株死亡；桂花不很耐寒，但相对其他常绿阔叶树种，还是一个比较耐寒的树种，这为北方养护桂花盆栽提供了可能。

种子观察室

Q 我的桂花树小盆栽越来越密集，怎么修剪一下比较好呢？

A 桂花树整形修剪主要有三种。剥芽：发芽时将主干下部无用的芽剥掉；疏枝：保持一定的枝下高，剪去无用枝条，一般成熟的桂花盆栽下枝高在5厘米左右；短截：剪去徒长的顶部枝条，使桂花高度保持在20厘米左右，冠幅15~20厘米。

扮靓 TIPS

月亮女神的桂花盆栽

材料： 红色桃心花盆、桂花树苗

创意概念： 桂花树四季常青，树姿优美，还带有浓郁的香气，非常适合在庭院、天台上栽种。将桂花树苗搭配红色桃心花盆来种植，立刻就能增添一丝浪漫的气息，相信连月亮女神也会对它心动不已。

花生，
错落有致亦是风景

　　花生是再普通不过的一种作物了，
其果实外皮粗糙，多数带有方格花纹；
果实内有一半透明薄皮，颜色以浅红为主，少数为深紫色；花
生米是生产食用植物油的原料，还可以加工成多种副食品……花生
的这些特征，早已广为人知，然而，你不知道的是，用花生打造出
的小盆栽，错落有致，非常养眼，也是一道美丽的风景呢！

种植帮帮忙

采种：在6~8月花生成熟的季节，选择成熟、颗粒饱满的
花生米即可作为种子。

土壤：花生适合在通气性良好、疏松肥沃、土层深厚的沙
壤土中种植，也可以将购买的营养土与细沙按照3：1的比
例混合作为培养土。

温度：花生在气候温暖的地方生长得最好，若环境温度维
持在12~20℃，即可进行播种；入冬后，需采取适当的保
温措施。

水分：花生的根比较浅，稍耐旱但不耐湿，若排水不畅，
就容易导致烂根，因此日常养护时，不要频繁浇水，待土
壤有些干燥时再浇水即可。

光照：花生是喜光作物，光照充足时，它才会枝叶繁茂，
生长状况良好。

养护跟我学

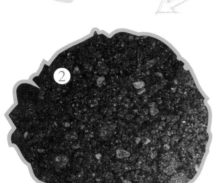

1. 在小花盆底下铺上一层麦饭石，喷洒一些清水。

2. 麦饭石主要起到的是隔水的作用，再放入培养土。培养土加到离杯口1~2厘米左右的地方即可。

3. 将浸泡好的花生以直立式插入土中，皱褶的那头朝下，扁平的那头朝上。

4. 再盖上一层细麦饭石，注意不要太厚，然后再喷洒大量清水。

5. 一周后，花生的小芽就冒出来了，那矮小粗壮的茎秆很是可爱。

达人支招

① 花生属于非常容易成活的一种作物，不过为了提高发芽率和成活率，选种时，最好选择当年的花生，因为陈年的花生发芽率通常都比较低。

② 花生外面的那一层表皮是花生嫩芽一道重要的安全保障，在浸种及种植的过程中，需要注意的是尽量不要碰掉花生米外面的红色薄皮。

③ 花生一般浸泡3~5天就能看到嫩芽萌发，就可以播种了。

种子观察室

Q 我种的花生盆栽最近开花了，要不要将其摘掉？

A 花生苗成熟后，就会有花苞长出来，至于要不要摘掉，可以根据你的实际情况来选择，如果你的花生苗在开花之后出现植株生长不良的情况，则表明花朵吸收了植株的营养，最好立马将其摘掉；如果开花后，植株生长没有什么异常，则待花朵凋谢后再摘掉也行。花生的花朵也具有一定的观赏性。

扮靓 TIPS

充满能量的花生盆栽

材料：花生苗、白色水滴形花盆

创意概念：相对于花生给人的圆圆滚滚的固定印象，刚刚冒出泥土的花生嫩芽则给人一种泥土的芬芳铺面而来的感觉。纤细的叶子从厚厚的种子中脱颖而出，积极向上的力量不言自明。若再搭配蛋壳形创意小·花盆，让人一眼望去就会爱上它那挺拔的身姿。

冬之韵：

安详静谧的
"森林海"

鹅掌藤，
鹅宝宝脚丫大集合

鹅掌藤，又名"七叶莲""七叶藤"，在古代民间，是一种常用草药，止痛效果非常好。鹅掌藤之所以得名，是因为它的叶形酷似鹅宝宝的脚丫；虽然它的名字里有个"藤"字，但实际上它并不会长出很多的枝蔓，只是在茎节上长出细长的气生根，使之能够攀附在岩壁或大树上生长。在家里种上一盆鹅掌藤，你将欣赏到鹅宝宝脚丫大集合的可爱场景。

种植帮帮忙

采种： 鹅掌藤是一种很常见的绿化带植物，因此种子很好捡到。

土壤： 鹅掌藤对土壤要求不高，去花卉市场购买一些营养土，按照3∶1的比例与细沙混合，即可作为培养土。

温度： 鹅掌藤最适宜的生长温度为20～30℃，比较耐寒，冬季温度过低时，要将其放在有暖气的室内养护。

水分： 鹅掌藤对水分的适应性很强，既耐旱又耐湿，即使出远门忘了浇水，回家后再补充大量的水分，植株便可恢复正常。平时可以每天对叶片进行3～5次喷雾，晴天温度越高，喷的次数应越多；阴雨天温度较低的话，喷雾的次数可减少或者不喷。

光照： 充足的光照有利于鹅掌藤进行光合作用，促使植株制造养分和生根的物质；养护期间，可将鹅掌藤放在阳光充足的地方。

养护跟我学

1

鹅掌藤幼苗矮小、纤细，1次多种植一些才会有小森林的感觉；可以选择直径在15厘米以上的敞口陶瓷容器种植。

2

将种子放在清水里浸泡2～3天，然后，小心地去掉种子的外皮，筛选掉干瘪的种子。

3

在容器底部撒上粗沙，然后放入培养土；培养土加到离盆口1~2厘米的地方即可。

4

将浸泡好的种子一粒粒排列在培养土上，然后铺上一层麦饭石或珍珠岩。

5

大约一周后，就可以看到鹅掌藤的小芽冒出来了。

6

一个月后，鹅掌藤基本上就可以长满整个花盆了。

达人支招

① 最好是选用当年采收的鹅掌藤种子播种；种子保存的时间越长，发芽率越低。

② 如果想加快种子发芽的速度，播种后，可用塑料薄膜将花盆包起来，可以达到保温、保湿的效果。

种子观察室

Q 听说对种子进行消毒可以提高发芽率，是真的吗？

A 是有这样的说法。种子消毒的方法一种是高温杀毒，即用60℃左右的热水浸种一刻钟，然后再用温热水催芽。另一种方法是用淡盐水浸泡种子，可以杀灭种子表面的一些细菌。

竹柏，
四季常青的小竹叶

竹柏枝叶青翠，富有光泽，树冠浓郁，树形美观，是我国广泛种植的庭荫树和园林中的行道树，在很多城市的绿化带都可以见到它的身影。随手拾得的竹柏种子，经过精心养护，使之成为案头的一个小玩伴，也是一件很惬意的事情。

种植帮帮忙

采种：竹柏的花期为3~4月，种子10月左右成熟，在野外、公园等地方很容易采集到竹柏的果实。采集果实后最好立即播种。

土壤：竹柏对土壤的要求比较严格，在深厚、疏松、湿润、腐殖质层厚、呈酸性的沙壤土至轻黏土中生长得最好；而在贫瘠的土壤中生长极为缓慢。因此，最好去花市购买肥沃的培养土。为了增强土壤的透水性，可以混合少量沙土。

温度：竹柏原产于我国浙江、福建、江西、湖南、广东、广西、四川等地，最适宜的生长温度为18~26℃；其抗寒性较弱，最多能忍受-7℃的低温，因此冬天要做好保温措施。

水分：竹柏在发芽期，对水分的需求量比较大，生长后期，每隔一两天向叶面喷洒1次清水即可。平时向竹柏叶片喷洒清水可以促进植株的呼吸作用，加快竹柏的生长速度。

光照：竹柏属耐阴树种，原生环境为我国东南部丘陵低山的常绿阔叶林，其在阴坡生长速度比阳坡生长快，因此冬天完全可以放在室内观赏。偶尔将其放在能接受阳光的阳台上接受一下光照即可。

养护跟我学

②

2. 将初步处理过的竹柏种子放在水中浸泡48个小时，期间每天换水，不久就能出芽。

①

1. 将种子清洗干净，剥掉外面黑色的皮，剥的时候，动作要轻。

③

3. 种下6周后，竹柏的叶子就长得十分茂盛了。其叶片上有很细致的纹路，与竹叶很像。

达人支招

① 竹柏的生长是先长根再长茎叶，它的茎会顶着种子的外壳慢慢钻出来，然后外壳自然脱落，非常可爱。

② 除了常见的尖叶竹柏外，圆竹柏和白叶竹柏也非常适合做种子盆栽，只不过这些品种的种子比较难得到。

种子观察室

Q 我从公园采集到的竹柏的种子可以保存多久呢？

A 一般来说，种子最好是即采即播。如果捡回来的种子不想立刻播种的话，可以先将种子外面紫黑色的皮剥掉，然后将其洗净晾干，用塑料袋包好后放在干燥、阴凉的地方保存。通常可以保存半年左右。

火棘，
肆意生长的红果实

　　火棘是我国常见的观赏植物之一，在园林绿化中，常以灌木球的形态出现，观赏价值高，绿化效果好。火棘果又被称为救兵粮、赤阳子，火棘树形优美，夏有繁花，秋有红果，果实存留枝头甚久，在庭院中可做绿篱以及园林造景材料，在路边可以用作绿篱，美化环境。

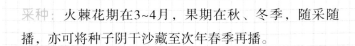

种植帮帮忙

采种：火棘花期在3~4月，果期在秋、冬季，随采随播，亦可将种子阴干沙藏至次年春季再播。

土壤：火棘很耐贫瘠，只要土壤中含有一定的养分，都可以满足其生长需要。

温度：火棘既耐高温也能忍受0~5℃甚至更低的低温环境，所以秋末冬初都可以进行播种。

水分：火棘抗干旱能力强，即使很久不浇水也可以正常生长，因此护理比较简单。

光照：火棘喜欢强光直射的环境，充分的光照可增加叶子的光泽，可以将盆栽放在朝阳的地方养护。

养护跟我学

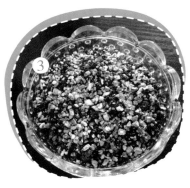

1. 用30℃左右的温水浸泡火棘种子一天即可；也可以直接播种。

2. 将种子均匀地撒在培养土上，并覆盖一层薄薄的土；然后用小水壶喷洒适量清水。

3. 5~7天后，就可以看到火棘发芽了。

达人支招

① 火棘非常耐修剪，主体枝干自然变化多端。火棘的观果期从秋到冬，果实会愈来愈红，非常美丽。

② 火棘幼苗经过加工，扎成微型盆景，也非常别致。新鲜的火棘果枝插瓶，经久不落，独具特色，可以成为家里一道亮丽的风景线。

盆栽观察室

Q 火棘种子可以和其他的种子混合播种吗？比例为多少？

A 当然可以，因为火棘的生存能力很强，可以将其与大小差不多的种子混合种植，比例可以自己掌握，只要播种方便，又容易控制播种密度就行。

冬青，
冬日里的
绿色海洋

冬青属拥有大约400个物种，广泛分布于世界各地，其高度从2米到25米不等，有些是乔木，有些是灌木。冬青的叶子坚挺且富有光泽，浆果呈鲜红色，一簇簇攀附在枝条上，非常可爱。值得一提的是，有些冬青树品种也被称作圣诞树。

种植帮帮忙

采种：冬青的果期在冬季，果实成熟后呈鲜红色，很容易引起人们的注意；在花园、绿化带或者野外都可以采集到冬青的种子，收集好种子之后就可以播种了。

土壤：冬青对土壤要求不高，在深厚、疏松、湿润、呈酸性的沙壤土或比较贫瘠的土壤中都可以生长，不同的是，在贫瘠的土壤中，植株生长比较缓慢。在花卉市场买到的营养土就可以满足其生长需要。

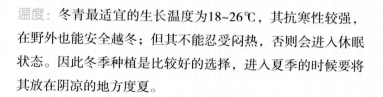

温度：冬青最适宜的生长温度为18~26℃，其抗寒性较强，在野外也能安全越冬；但其不能忍受闷热，否则会进入休眠状态。因此冬季种植是比较好的选择，进入夏季的时候要将其放在阴凉的地方度夏。

水分：种子发芽期间，要注意多补充水分，可以促进种子更快发芽；等到冬青完全发芽后，每隔1~2天向叶片喷洒1次清水即可。

光照：冬青的特点是初期生长非常缓慢，良好的光照可以促进其生长。它比较耐阴，喜半阴环境，在室内养护时，应尽量将其放在光线明亮的地方，如采光良好的客厅、卧室、书房等场所，但要避免阳光直射。每隔一周左右搬到室外接受阳光照射，可以促进它更好地生长。

养护跟我学

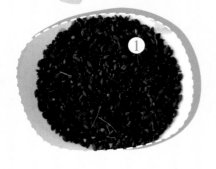

$\dfrac{1}{}\Big|\dfrac{2}{3}$

① 　将冬青种子浸泡2~3天，使种子表皮充分软化，以便更好地发芽。

② 　将冬青种子一粒粒摆放在装好培养土的花盆中，喷洒清水。一周后，就可以看到冬青发芽了。

③ 　4~5周后，冬青的叶子就长得郁郁葱葱的了，感觉真有点像小森林。

达人支招

　　冬青的种子比较特殊，在冬天采集时因温度较低而使得种子的活性较低，如不催芽处理，往往隔年才能发芽。这对种植者是一个极大的考验，需要很大的耐心，所以建议在播种前进行浸种催芽。

盆栽观察室

Q 我捡到了一些冬青的种子，但是不想马上播种，能保存多久？

A 冬青的种子最好是即采即播，如果要保存的话，最好将种子晒干后贮藏于阴凉、通风、干燥的地方，一般能保存一年，但隔年的种子发芽率可能会受到一定的影响。

袖珍椰子，
最迷你的
热带风情

袖珍椰子原产于墨西哥及中美洲地区。幼苗期高约20~30厘米，成年树可达1米。顶端两片羽叶的基部常合生为鱼尾状，嫩叶呈绿色，老叶为墨绿色，表面有光泽，如蜡制品，非常适合家居摆放。

种植帮帮忙

采种：最好是选用当年采收的种子。种子保存的时间越长，其发芽率越低。选用籽粒饱满、没有残缺或畸形且没有病虫害的种子。

土壤：以排水良好、疏松肥沃的壤土种植最好。可采用腐叶土、泥炭土加1/4泥沙或珍珠岩和少量基肥配制成培养土。

温度：冬季10月至翌年2月为袖珍椰子的休眠期，要控制浇水量，以防温度过低引起烂根、黄叶、坏死等症状。北方地区冬季供暖期，室温可保持15~20℃，此时室内空气干燥，应注意补水，最好每天向叶面喷水1~2次，且花盆不要靠近火炉、暖气或空调器，以防叶片急性失水，造成干尖甚至死亡。冬季将花盆放在室内阳光充足处，以利于进行光合作用，越冬温度在5℃以上。

水分：浇水以"宁湿勿干"为原则，盆土经常保持湿润即可。夏、秋季空气干燥时，要经常向植株喷水，以提高环境的空气湿度，这样利于其生长，同时可保持叶面深绿且有光泽；冬季适当减少浇水量，以利于越冬。

光照：袖珍椰子喜半阴环境，怕阳光直射。在烈日下其叶色会变淡或发黄，并会产生焦叶及黑斑，失去观赏价值。冬季可以接受一定的光照，夏季避免暴晒。

养护跟我学

2

将袖珍椰子的种子用30℃左右的温水泡3~4天，直到种子充分软化，待看到有萌芽的迹象后即可播种。

3

在容器中装入适量的营养土，将泡好的袖珍椰子种子放入土中，盖上5毫米左右的土，然后将其放到温暖湿润的地方。

1

袖珍椰子比较矮小，可选择一个小巧可爱的敞口容器。

4

一个月之后，就可以看到袖珍椰子的嫩芽长出来了，将它摆放在办公桌或者明亮的阳台上，都会令人赏心悦目。

达人支招

春季避免阳光直射，有较明亮的光线就行。植株较大时，要及时换盆。种子要随采随播，若不催芽，在25℃左右的温度下，约需2~3个月萌发。袖珍椰子苗期分蘖较多，应及时分株。

种子观察室

Q 听说种子消毒后发芽率会提高，具体该怎么操作呢？

A 消毒包含两个概念，一个是指种子进行消毒，另一个是指基质消毒。种子消毒常用60℃左右的热水浸种10分钟。对播种用的基质进行消毒，最好的方法就是把它放到锅里炒热，病虫都能烫死。

七里香，

香飘十里惹人醉

七里香的花期为初夏至初冬，开出的花呈白色，且花香浓郁，在很远的地方都能闻到，所以也有人称之为"十里香"或"千里香"。七里香是绿篱的重要组成部分，其枝叶经过精心修剪后，煞是可爱；若是有阵风吹过，白花绽放，伴随着满眼的绿意，既亮丽又芳香扑鼻。

种植帮帮忙

采种：七里香的花期结束后，就可以采集种子了，一般在冬末春初时可以进行播种，最好是即采即播。

土壤：七里香对土壤的适应性比较强，在贫瘠或者肥沃的土壤中都可以生长。

温度：七里香原产于热带地区，喜欢高温、高湿环境，对冬季的温度要求比较高；当环境温度在 10 ℃以下时，植株会停止生长，因此最好是在冬末春初时播种。

水分：七里香喜欢水分充足的环境，种植后必须保持空气的相对湿度在75%以上；种子生根前需要足够的水分，以维持其体内水分的平衡；平时可以用喷雾来增加植株生长环境的湿度。

光照：七里香属于喜光植物，生长期间离不开阳光的照射，因此最好将其放在阳光充足的地方养护。

养护跟我学

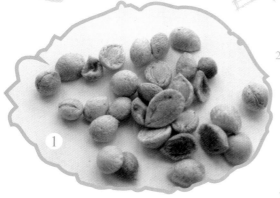

2. 排列种子时要注意将圆弧面深色的部分朝下，一颗接一颗由外向内排列整齐，空隙不可太大；然后铺上一层麦饭石。

1. 将新鲜的种子放在敞口容器中，用清水反复冲洗，直到冲不出杂质；然后将种子用清水浸泡5~7天，在此期间要每天换水，保证水体没有杂质。

3. 3~4天后，就可以看到七里香幼苗破土而出了，大约一周的时间，基本上可以全部发芽。

达人支招

① 七里香的果实未成熟时是绿色的，成熟后呈黄褐色。用手轻轻挤压果实，果肉里面的种子就跑出来了。

② 七里香的种子比较小，最好选择小一点的麦饭石，观赏效果会更好。

种子观察室

Q 我放在阳台上的七里香盆栽怎么右边叶片比左边长得好一些？

A 这是植物的向光性导致的，说明你的阳台右边是向阳处。一般来说，大多数植物在幼苗期都有向光性，如果发现这样的情况，就将盆栽转个方向，不到一天的时间，你就会发现植株向右长的趋势没那么明显了。平时可以经常将花盆挪位置，就能避免这种情况了。

银杏，
自制
"活化石" 森林

银杏树又被称为"白果树"，其生长较慢，寿命很长，在自然条件下，从栽种到结果要20多年，40年后才能大量结果。银杏树的观赏和药用价值都非常高，它还是第四纪冰川运动后遗留下来的最古老的裸子植物，因此被称作植物界的"活化石"。

种植帮帮忙

采种：银杏树一般4月上旬至中旬开花，9月下旬至10月上旬种子成熟。种子成熟后，就可以开始采集了，可以即采即播，如果觉得去野外采集种子比较困难的话，也可以在网上购买处理过的种子，非常方便。

土壤：银杏树喜欢适当湿润但排水良好的深厚土壤，对肥力并没有特别的要求。一般在花卉市场购买的培养土都可以满足其生长需要。

温度：银杏最适宜的生长温度为15~25℃，发芽之前，可以用保鲜膜包裹进行保温，发芽后可将其移至室内养护，助其安全越冬。

水分：银杏喜湿怕涝，在其生长期间，水分不能过多，否则土壤通气不良，会抑制根系的呼吸和土壤的微生物活动；平时养护，每隔一天补充1次水分比较合适。等叶片全部长出后，可以向叶面喷洒一些清水。

光照：银杏喜光照，故不能长期将其置于阴暗的空间；幼苗期应避免暴晒，否则可能会对叶子造成不可逆转的伤害。最好的方式是室内、室外交替养护。

养护跟我学

1. 银杏种子外面有一层坚硬的壳，所以要浸泡3~5天，使其充分软化。

2. 将浸泡好的银杏种子放在装好培养土的容器中，周围用麦饭石固定好，喷洒清水。7~10天即可发芽。

3. 银杏的嫩芽越长越大了，记得每天喷洒清水，以保持土壤湿度。

4. 几个月之后，银杏苗越长越健壮了，可以让它接受一些光照，以利于其生长。

达人支招

① 银杏种子最好是即采即播，不可存放太久。

② 养护期间水分管理十分重要，盆土不能太干，花盆里的水分也不宜太多，如果有积水要及时去除，否则容易导致幼苗根部腐烂。

盆栽观察室

Q 我的银杏长得好慢，银杏盆栽最多可以长到多高？

A 是的，这是非常正常的。银杏在幼苗期生长得非常缓慢，一年才能长到15~25厘米。